내 아이 마음,
내가 제일 모를 때

내 아이 마음,
내가 제일 모를 때

22년 차 초등교사의 교실 속 우리 아이 마음 수업

최현주

채륜

저는 매일 아이들을 만나고, 수많은 학부모와 상담을 합니다.

초등학교 교사라는 자리 덕분에 아이들의 진짜 모습을 가장 가까이서 관찰할 수 있는 상담사가 될 수 있죠.

다양한 또래 집단 속에서의 사회성, 학습을 대하는 태도, 사회 규범에 대한 인지 및 실천 능력 등, 아이들의 꾸밈없는 모습을 매일 지켜볼 수 있습니다. 그렇게 아이들을 관찰하고 대화를 나누며 끊임없이 상담합니다.

상담은 거창하고 대단한 것이 아닙니다. 소통하고, 마음을 이해하며, 스스로 긍정적인 변화를 느끼게 해 주는 모든 시간이 교사와 학생 간의 상담이라고 생각합니다.

학생과의 소통은 곧 학부모님과의 소통으로 이어집니다. 교사에 대해 긍정적인 경험이 쌓여 있는 학부모님과의 소통은 어렵지 않아요. 자녀의 학교생활에 대해 교사로서 조언을 드리면 흔쾌히 받아들이고, 아이의 성장을 위해 함께 노력합니다.

　하지만 교사에 대한 부정적인 경험이 쌓여 있는 학부모 님과의 소통은 아이들을 가르치는 일보다 더 힘듭니다. '우 리 애를 싫어하나? 지금 우리 애가 문제라는 건가?' 이렇 게 오해부터 하는 경우도 많습니다. 그런 경우엔 "1년 동안 저를 믿고 당신의 자녀를 가르칠 기회를 주시겠습니까."라 는 대화부터 시작해야 하는 어려움이 생기는 거죠. 그렇게 힘겹게 시작했더라도, 1년 동안 한 걸음이라도 함께 나아 갔다면 교사로서 깊은 보람을 느낍니다.

　교실은 아이들의 작은 사회입니다. 그 안에서 아이들은 관계에 상처받기도 하고, 자신만의 빛을 찾아가기도 하죠. 저는 21년 동안 그 과정을 지켜보며, 아이를 바꾸기 위해 서는 먼저, 부모의 정서가 회복되는 것이 매우 중요하다는 사실을 배웠습니다.

부모가 불안과 죄책감에서 벗어나야 아이도 편안해집니다. 부모가 자녀를 믿어 주면, 아이도 자신을 믿고 당당하게 나아갈 힘이 생깁니다.

이 책을 읽으며, '내 아이를 어떻게 키워야 할까?'라는 고민을 위한 시간이 아니라, 내 마음을 다독이는 시간이 되길 바랍니다.

부모의 마음이 먼저 편안해질 때, 아이와의 관계도, 아이의 세상도 조금씩 달라질 거라고 믿습니다.

차례

1교시 우리 아이,
학교를 힘들어해요

2교시 우리 아이, 친구 관계가 고민이에요

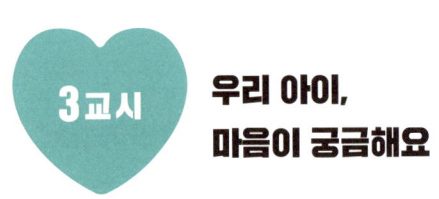

3교시　우리 아이, 마음이 궁금해요

4교시 '여왕벌 세상'에서 우리 아이 지키기

1교시

우리 아이,
학교를
힘들어해요

1교시를 시작하며

아이들의 학교생활은, 자기 의지만으로는 바꿀 수 없는 상황들의 연속이다. 선생님, 친구들, 쉬는 시간, 수업 시간.

이 모든 것들은 어렵고, 즐겁고, 힘들고, 낯설다는 수많은 감정의 소용돌이를 만든다.

어떤 아이들은 그 소용돌이 속에서 금세 평화를 찾지만, 또 어떤 아이들은 그 자리에서 한 걸음 떼는 것조차 힘들어한다.

나는 21년 동안 초등학교 교실에서 수많은 아이들과 만났다. 수업 시간에 쉴 새 없이 떠들며 웃는 아이도 있고, 조용히 자기만의 시간을 버텨 내는 아이도 있었다. 쉬는 시간이 즐거운 아이도 있고, 쉬는 시간이 더 괴로운 아이도 있었다.

이 장을 쓰는 이유는 학교에서 힘들어하는 아이들을 함께 이해해 보기 위해서다. 겉으로 보이는 행동만으로 아이를 판단하기란 쉽지 않다. 그 아이 내면의 심리를 알면 좀 더 가까이 다가가 도울 수 있다.

교실에서 규칙을 어기는 모습 뒤에, 친구와 어울리지 못하는 모습 뒤에, 힘들어하는 모습 뒤에, 어떤 마음이 숨어 있을지 함께 이야기 나누고 싶다. 그 마음을 찾고, 이해하고, 도와주는 일이 그 아이 옆에 있는 어른이 해 주어야 하는 역할이 아닐까.

이 장에 담긴 이야기들은 실제 학교 현장에서 보고 들은 수많은 아이들의 모습이다. 각 이야기 속에는 흔한 남의 이야기가 아니라, 우리 아이가 겪을 수도 있는 현실이 담겨 있다. 그래서 이 글이 아이를 판단하는 잣대가 아닌, 아이를 이해하는 길잡이가 되었으면 한다.

이 장을 읽고 나서 주변을 둘러보자. 혹시 내 아이가, 또는 내 곁의 어떤 아이가, 학교라는 세상 앞에서 눈물이 고여 있다면, 그 아이에게 다가가 안아 주길……. 그 작은 지지가 아이에겐 다시 교실 문을 열 수 있는 힘이 되어 줄 것이라 믿는다.

등교 시간만 되면 아픈 아이

"배가 아파서 학교 못 가겠어요."

"엄마, 나 오늘 배가 좀 아파서 학교 못 가겠어요."

지서는 학교에 가려고 할 때면, 배가 아프다고 한다.

전날 밤까진 분명히 아무렇지도 않았는데, 막상 등교 시간만 다가오면 아픈 배를 붙잡고 울먹인다.

처음엔 진짜 아픈 줄 알고 병원도 데려가고, 약도 먹였었다. 반복되는 증상에도 별다른 이상이 없다는 진단, 엄마는 오히려 더욱 걱정된다.

"학교에서 무슨 일 있었어?"

"아니. 그냥……."

이유를 물으면 이렇게 제대로 대답도 안 한다.

담임선생님과 상담도 해 봤다.

"학교에서는 밝게 친구들과 정말 잘 지내요. 혹시 가정에 무슨 힘든 일이 있는 거 아닐까요?"

되돌아오는 건 되려 이런 질문뿐이었다.

'도대체 왜 이러는 거니?'

아이 마음 들여다보기

지서는 '학교 가기 싫어요.'라는 감정을 제대로 표현할 수 있는 말을 못 찾은 상태다. 그래서 대신, 몸이 반응하는 것이다. 이를 흔히 말하는 '신체화'라고 한다.

쉽게 설명해서, 불안이나 긴장감 등 스스로 감당하기 힘든 감정이 마음에 쌓였을 때, '아프다.'라는 신체적 감각으로 표현하는 것을 말한다.

등교는, 지서에게 예측이 불가능한 상황으로 내던져지는 순간이다.

'친구들은 오늘 어떨까?'

'선생님께 혼나면 어쩌지?'

'수업 시간에 창피당하면 어쩌지?'

이런 불안한 감정들이 머릿속에서 계속 맴도는데, 아이에게는 그 불안함을 버텨 낼 힘이 부족한 것이다. 그래서 그 불안함의 이유조차 잊어버리려고 한다. 그래서 결국, 몸이 대신 말하기를 선택하는 것이다.

"엄마, 나 불안해. 나 겁나."

"엄마, 나 아직 준비 안 됐어. 어쩌지?"

어떻게 도울 수 있을까?

1. 감정 대화하기

"또 아파?" 대신, "오늘은 기분이 어때?" 이렇게 시작해 보자.

아픈 원인을 찾기보다, 아이가 불안한 감정을 인정하고 받아들일 수 있도록 이끌어 주는 것이 좋다. 아침에 바빠도, 잠시라도 안아 주며 대화해 보자.

"학교생활 중에 뭐가 제일 걱정돼?"

"엄마는 회사에서 의자가 제일 불편해. 요즘 의자를 새로 바꿔 달라고 할까, 고민 중이야."

"엄마는 출근할 때, 점심시간 메뉴 생각하면서 가면 좀 힘이 나더라."

이렇게 질문만 하는 대화가 아닌, 엄마의 기분과 감정을 먼저 표현하는 대화가 도움이 된다.

2. 예측이 가능한, 하루를 함께 나누기

지서와 같은 아이들은 불확실성에 약하다.

선생님께서 보내 주시는 주간학습안내장, 혹은 월간학습안내장을 함께 읽고, 인쇄해서 가방에 넣어 주자. 앱으로 오는 알림장과 가정 통신문도 아이와 항상 함께 보고, 그 하루를 함께 상상하고 이야기 나눠 보자.

그런 경험들이 쌓이면, 아이의 불안감이 점점 사라지게 될 것이다.

3. 강요가 아닌 공감과 설명하기

아무 공감과 설명도 없이 하는, "학교는 무조건 가야 해!"라는 말 대신, "아빠도 회사 가기 싫을 때가 많아. 그래서 지서의 마음 너무 잘 알 것 같아."라는 공감과 "무섭고 두려워도, 심지어 너무 싫어도, 세상에는 꼭 해야 하는 일들이 있지. 그런 책임감 덕분에 우린 서로를 지키며 행복하게 살 수 있는 거 아닐까?"라는 설명을 해 주자.

'진짜 내 마음'을 알아주는 부모와 함께하는 시간은, 감당하기 힘든 감정을 버티게 하는 약이 되어 준다.

모범생이어서, 오히려 힘든 아이

"난 잘하고 싶은데, 얘 때문에 망쳤어요!"

하온이는 모범생이다. 숙제와 준비물을 꼭 챙겨 오고, 수업 시간에도 항상 열심히 참여한다. 누가 봐도 학교생활을 잘하고 있는 아이다.

하지만 부모님의 기대와는 다르게, 하온이의 학교생활은 아름답지 못했다.

"도현이랑 같은 모둠 하기 싫어."

"도현이는 제멋대로고, 더럽고, 규칙도 하나도 안 지켜."

"나는 열심히 하려고 하는데, 얘 때문에 다 망친다고!"

엄마는 '아이들끼리 그러다 말겠지.'라고 생각했다. 하지만 시간이 지날수록, 하온이의 불만은 점점 더 커졌다.

윷놀이 활동 시간,

"야! 너 좀 제대로 하라고 했지!"

하온이는 결국 도현이와 큰 소리로 싸우고 말았다.

규칙을 잘 안 지키는 친구 한 명 때문에, 뭐든지 열심히 하는 모범생 하온이의 학교생활이 망가지고 있다.

하온이의 마음에는, 어떤 어려움이 있는 걸까?

아이 마음 들여다보기

하온이는 책임감이 강하고, 규칙에 대한 민감성이 높은 아이다. 보통 이런 아이들은 학교를 친구들과 어울려 지내는 '생활 공간'이라는 개념보다, 성과를 내고, 규칙적으로 지내야 하는 '공적인 공간'으로 인식하는 경우가 많다.

'나는 잘하려고 애쓰고 있는데, 쟤는 도대체 제대로 하는 게 하나도 없구나.'라는 생각으로 어른들이 겪는 직장생활의 스트레스와 비슷한 어려움을 겪는 것이다.

이 아이의 마음속엔 이런 말이 숨어 있다.

"난 잘하려고 노력하고, 선생님의 말씀대로 잘 지내고 있어! 근데 왜 저런 애들 때문에 내가 피해받아야 하지?"

바로 불공정함에 대한 분노와 피로감이 폭발한 것이다.

어떻게 도울 수 있을까?

1. 모범생이라 해도, 감정 조절 능력까지 성숙하진 않다

아이가 스스로 할 일을 잘하고 있다고 해서 감정적으로도 성숙한 것은 아니다. 도리어 이런 아이 중, 불편한 감정을 억누른 채 스스로 강박에 시달리는 경우도 많다.

"넌 모범생이니까." "넌 다 잘하니까."라는 말은 칭찬이 아니라 감정 표현을 막는 압박이 될 수 있음을 기억하자.

2. 마음에 안 드는 친구는 어디에나 있다

아이가 특정 친구의 문제 행동으로 힘들어할 때, 개인에 대한 분노가 되지 않도록 도와야 한다.

"도현이가 청소 시간에 놀기만 해서 짜증이 났어?"라는 말 대신,

"청소 시간에 청소 안 하고 다른 친구들한테 피해 주는 친구? 그런 사람 진짜 어디에나 있지. 그런 사람 정말 짜증 나지? 세상에는 자기 할 일을 못 하고 규칙을 지키기 힘들어하는 사람들이 있어. 그런 사람들을 만났을 때, 싸워야 할까, 아니면 무시해야 할까, 같이 하자고 말해 볼까, 뭐가 좋을까?"

이렇게 함께 생각할 수 있는 진짜 대화로, 아이가 자신이 선택할 수 있는 해결 방법에 대해 고민하도록 도와주자.

3. 학교생활에서 중요한 가치 중 하나, 수용

사람마다 겪는 어려움이 다르고, 누군가는 노력해도 실천하기 힘든 일이 있다는 것을 아이도 알아야 한다. 어렸을 때부터 모범적이고 우수했던 아이들은, 산만하고 규칙에 대한 민감성이 낮은 친구들을 이해하기 힘들 수밖에 없다.

교실 속 친구마다 필요한 지도 방법과 현재 수준이 다르다는 것을 이해해 보려는 마음도 필요하다.

♥

모범적이라고 해서, 정서적으로 성숙하다는 의미는 아니다.
우리가 보살펴 줘야 하는 것은, 모범적인 모습을 위해 억눌
려져 있는 마음의 피로다.

사소한 일에도 울컥하는 아이

"무슨 일이 생기면 눈물부터 나요."

"공 한 번 맞았다고 우냐?"

"얘들아! 윤하 또 운다!"

윤하는 눈물이 많다.

친구가 째려봤다고 울고, 줄넘기를 친구들보다 못했다고 눈물을 글썽인다. 친구가 농담으로 한 말에도 금방 마음이 상해서 책상에 엎드려 울어 버린다.

담임 선생님은 그런 윤하가 걱정스러워, 학부모 상담 때 조심스럽게 말했다.

"별일 아닌 것에도 감정 표현이 커요. 그래서 친구들이 당황하는 경우가 많아요."

윤하 부모님은 매년 같은 문제로 상담해야 하는 상황에 속이 탄다.

'저렇게 여려서 이 험한 세상 어떻게 살지?'

'언제쯤 강해질까?'

아이 마음 들여다보기

윤하는 상황에 대한 이해보다, 감정에 대한 반응이 먼저 표현된다. 남들이 보기에 사소한 일이어도, 윤하 마음속에선 이미 감정적인 '사건'이 되어 버리는 것이다.

놀이 중 공에 맞은 상황이라면, '다들 내가 공에 맞는 걸 봤겠지? 아이, 창피해.'

친구가 째려보는 걸 느꼈다면, '나를 싫어하는구나! 왜? 내가 뭘 잘못했나?'

줄넘기하는 데 몇 번 못 뛰고 줄에 걸렸다면, '나만 또 못한 거 아니야? 친구들이 날 비웃겠지?'

이렇게 스스로 만든 감정이 상황을 키우고, 상황에 대

한 이해 기회를 덮어 버린다.

이때의 울컥함은 감정이 갑자기 차오르는 것이 아니라, 이미 내 안에 엉켜 있던 감정들이 넘쳐흐르는 것이다.

어떻게 도울 수 있을까?

1. 내 감정을 생각해 보기

"그 정도 일로 왜 그래?" 대신, "속상했어?"

아이의 감정 크기를 비난하지 말고, 아이가 그 순간 무엇을 느꼈는지 스스로 생각해 볼 수 있는 시간이 꼭 필요하다.

"그럴 필요 없어."라는 위로보다, "그럴 수도 있겠구나?"라는 가벼운 공감이 아이의 감정 회복력에 더 큰 힘이 되어 주기도 한다.

2. '울컥 타이밍'을 예측하고 연습하기

아이가 울컥하는 순간에 대해 함께 대화 나눠 보자.

"그 순간, 다른 친구들이 뭘 하는지 봤어?"

"그때, 느껴지는 감정을 밖으로 꺼내고 싶어?"

"어떤 모습으로 그 감정을 꺼내고 싶어?"

감정이 터지기 전, 주변을 보고, 내 감정 표현 방법을 내가 결정할 수 있다는 가능성을 스스로 발견해야 한다. 부모와 함께 꾸준히 연습하면 아이는 결국 스스로 그 가능성을 찾아낼 것이다.

3. '감정 흘리기' 연습

어떠한 상황에, 어떠한 감정을 느끼는 것은 잘못이 아니지만, 내가 느끼는 모든 감정을 그 상황에서 바로 다 표현할 필요는 없다는 사실을 알려 주자.

"지금 속상한 거야, 창피한 거야, 아니면 억울한 거야?" 내가 느끼는 감정을 알고, 그 감정을 내 마음속에서 혼자 흘려보내도 그 감정은 예쁘게 사라질 수 있다는 것을 느껴 봐야 한다.

"속상했어? 그럴 수 있지. 그 속상함을 남들에게 보여 주고 싶어, 아니면 혼자 흘려보내고 싶어? 우리 윤하가 스스로 선택할 수 있는 문제야. 그 감정은 윤하 것이니까!"

♥

아이들이 우는 건 '여려서'가 아니라, '느껴서'다. 그리고 아이가 감정을 느끼는 만큼, 그걸 함께 느껴 주고, 흘려보내는 것을 도와줄 어른이 필요하다.

감정을 표현하는 방법이 서툴다고 해서, 감정을 통제해선 안 된다. 나의 감정을 온전히 내 것으로 만든 아이는, 세상을 맘껏 느끼며 살아갈 수 있다.

발표하기 싫어하는 아이

"친구들 앞에 서는 게 부끄러워요."

부끄러움이 많은 한돌이가, 이 세상에서 제일 싫어하는 건 발표와 장기자랑이다.

"별거 아냐. 도전해 봐. 뭐든 적극적으로 해 보면 더 좋지 않을까?"

한돌이는 이런 말을 수없이 들어 왔다.

'내가 이상한 걸까? 그냥 사람들 앞에 나서기 싫을 뿐인데…….'

12월이면 교실에서는 종업식 파티가 열린다. 한돌이는 이 시간이 가장 힘들다. 친구들과 함께 간식을 먹고 영화를 보며, 노는 건 좋지만, '장기자랑'이라는 미션이 항상 뒤따라오는 행사이기 때문이다.

'올해는 뭘 해야 하지?'

'기억에 많이 안 남고, 짧게 끝낼 수 있는 건 없을까? 엄마는 농구 묘기를 해 보라지만, 그런 건 너무 싫어.'

결국, 한돌이는 친구와 리코더 연주를 짧게 하고 무대에서 후다닥 내려왔다.

'이제 다 끝났다. 편하게 놀자!'

아이 마음 들여다보기

한돌이는 내면이 단단한 아이다. 다만, 자신을 표현하고자 하는 대상이 '관객'이 아닌, '관계'에 있을 뿐이다.

'적극적인 아이'라는 기준을 대부분, 남들 앞에 서는 모습으로 판단한다. 남들 앞에 서는 것을 싫어하면, 소극적인 걸까? 절대 동의할 수 없다. 한돌이 같은 아이들은 자신의 역할을 조용히 해내는 힘이 있다.

어른들 잣대의 '소극적인 아이'는, 실은 자기감정을 잘 돌보고, 타인의 감정도 세심히 살피는 아이일 수 있다. 이런 큰 장점을 가진 아이들에게 앞에 나서라고 계속 강요하면, 아이는 자기 마음이 틀렸다고 의심하기 시작한다.

'난 남들처럼 못 해. 내가 이상한 건가?'

이는 아이에게 너무 잔인한, 어른들의 강요일 뿐이다.

어떻게 도울 수 있을까?

1. '적극성'이란 무엇일까?

관객들 앞에 나서는 것만이 적극성은 아니다.

자신의 감정을 알고, 그걸 해내기 위해 고민하는 것, 그리고 나의 일을 묵묵히 해내는 것, 그것이 진정한 '내 삶에 대한 적극성'이다.

2. 싫어도 해내는 아이

아이가 "발표하기 정말 싫었어."라고 말할 때, "그래도 했네? 견뎌 냈네!"라는 말이 큰 위로가 되어 준다.

억지로 용기를 강요하지 말자. 싫어도 참고 해냈다면, 그 과정을 있는 그대로 존중해 주자.

3. 남과 비교하지 않기

"철수는 노래했다던데? 넌 왜 그리 부끄러워해?"라는 말은 아이에게 용기가 아닌 결핍을 강요하는 말이다.

"오! 그래도 방법을 찾았구나?" 그 따뜻한 말, 한 마디로 아이에게 당당함을 심어 줄 수 있다.

4. 기다려 주기

이 사회에 필요한 진정한 리더란, 다른 사람의 입장에 공감하고, 자신의 역할을 잘 해내는 사람. 그렇게 선한 영향력을 행사하는 존재가 아닐까?

자기 삶에 적극적인 아이는 결국, 스스로 빛을 낼 수 있는 존재가 될 것이다.

자신을 잘 아는 아이,
싫어도 해내는 아이,
묵묵히 그 자리에 있는 아이.
그렇게 우리 아이는 이미, 스스로 삶을 이끄는 멋진 아이다.

규칙을 어겨서, 매일 혼나는 아이

"선생님은 맨날 나만 혼내요!"

"오늘 또 나만 혼났어."

유진이 엄마는 이제 그 말이 무섭다.

매일 혼나는 이유도 다르다. 수업 시간에 늦게 들어와
서 혼나고, 복도에서 뛰다가 혼나고, 급식실에서 줄을 똑
바로 서지 않아서 혼나고, 수업 시간에 떠들어서 혼난다.

"최유진! 왜 그래!"

"선생님! 유진이 또 뛰었어요!"

그날도 유진이의 이름은 교실에서 계속 불렸다.

유진이는 억울하다.

"왜 나만 뭐라고 해? 태진이도 그랬는데, 왜 나만 더 혼

내? 선생님은 나만 싫어해!"

엄마는 걱정스럽다.

'얘가 이러다, 정말 문제아가 되면 어쩌지?'

아이 마음 들여다보기

유진이는 인성이 나빠서 일부러 규칙을 어기려는 게 아니다. 규칙을 지켜야 한다는 사회적 교육이 제대로 안 되어 있고, 규칙에 대한 민감도가 또래에 비해 낮은 편이라서, 규칙을 지키기가 힘든 것이다.

사회적 규범에 대한 훈련이 이루어졌어야 할 시기를 놓친 유진이는, 학교에서 규칙을 한 번 어기면 바로 혼나는 구조를 견디기 힘들다.

'나만 싫어해!'라고 느낄 뿐이다.

이렇게 반복적으로 지적받는 아이들은 자기 성찰보다, 날 비난하는 사람들에게 상처받는 슬픈 '나'에 집중하게 된다. 그래서 위축되거나, 아예 반항적으로 굳어지기도 한다.

어떻게 도울 수 있을까?

1. 규칙을 지켜야 하는 이유

규칙에 대한 교육의 시기를 놓친 아이들에겐 정성이 필요하다. "이건 지켜야지!"가 아니라, "이런 규칙이 왜 만들어졌을까? 이런 규칙을 안 지키는 사람을 다른 사람들은 왜 불편해할까?" 묻는 어른이 필요하다.

그 어른의 역할을 교사가 해 주길 바라기보다, 부모인 우리가 먼저 해 주자.

2. 권위적인 어른에 대한 긍정적 경험

혼내는 어른은 무서운 존재가 아닌 사회를, 학교를, 교실을 안전하게 지켜 주기 위해 노력하는 사람으로 인식할 수 있게 도와주자.

"선생님은 너를 싫어해서 혼내는 게 아니야. 교실의 질서를 위해서 어쩔 수 없이 그러시는 거지. 규칙을 어기는 아이들을 그냥 내버려두면, 교실은 난장판이 될 테니까." 이렇게 어른의 훈육 이유를 통역해 줘야 한다.

3. 나의 행동과 말은 그 순간만의 것이 아닌, 쌓여 가는 것

"나만 혼내."라는 말에는 억울함이 들어 있다. 하지만 유진이는 꼭 알아야 한다. 말과 행동은 쌓여 간다는 사실을……. 한 번 실수한 아이와 열 번 반복한 아이에 대한 반응이 다른 건, 자연스러운 일이다. 그건 '네가 감당해야 할 결과'라는 냉정한 현실을 가르칠 필요가 있다.

억울할 수 있다. 하지만 그 이미지를 바꾸고 싶다면, 그동안 잘못한 시간보다, 몇 배의 노력이 필요하다는 현실을 알려 주자. 그리고 그 노력은, 분명히 아이를 더 빛나게 만들어 줄 것이다.

훈육은 권력으로부터 나오는 것이 아니라, 믿음에서 시작되어야 한다.
무엇보다 중요한 건, 혼난 뒤 마주할 어른의 태도이다.
"나는 여전히, 너를 믿고 있어. 나도 함께 노력할 거야."
그 말이 아이에게 든든한 '내 편'을 만들어 준다.

학교에서 매일 싸우는 아이

"먼저 싸움을 걸었단 말이에요!"

우준이 엄마는 오늘도 담임 선생님의 연락을 받았다.

"또 싸웠어?"

"걔가 먼저 시비 걸었어!"

우준이는 어제도 싸웠고, 오늘도 싸웠다. 친구들 이름만 바뀔 뿐, 이야기의 시작과 끝은 항상 비슷하다.

"애들이 이제 나한테만 뭐라고 해! 분명히 서욱이가 먼저 나한테 욕했다고!"

"아니, 그래도 좀 참으면 안 돼? 그렇게 매일 싸워야겠어?"

엄마는 답답한 마음에 우준이에게 하소연을 해 보지만,

우준이는 들은 척도 하지 않는다.

'왜 저럴까? 진짜 큰 문제 있는 건가?'

엄마는 오늘도 가슴이 답답하다.

아이 마음 들여다보기

우준이는 친구들을 괴롭히고 싶은 게 아니다. 자기 뜻대로 통제되지 않는 상황을 참기 힘든 아이일 가능성이 크다.

자기 의견대로 안 되면 졌다고 느끼고, 친구와의 대화에서도 양보나 타협보다는 상대를 복종시켜야 한다고 생각한다. 그래서 친구들과 함께할 때, 말이 세지고 행동이 과격해진다. 그런 태도는 결국 싸움으로 이어진다.

그렇게 싸운 뒤엔 혼자 속상해한다.

'나도 그러고 싶지 않았어.'

하지만 다음 날, 같은 일이 반복된다.

감정을 다루는 법, 갈등을 조절하는 방법을 배우지 못한 아이는 매일매일 '관계'라는 전쟁터에서 혼자 싸우는 중이다.

어떻게 도울 수 있을까?

1. 감정 알기

"화났어?" 대신, 화난 이유가 되는 감정에 관해 대화를 나눠 보자.

"억울했어?" "답답했어?" "당황했어?" "욕심났어?"

이렇게 아이의 마음을 구체적으로 알아봐야 한다.

내 감정을 정확히 알면, 나의 행동을 선택할 수 있는 지혜가 생긴다.

2. 갈등 상황에 대해 객관적으로 생각하기

"걔가 먼저 시비 걸었어!"에서 멈추지 말고, "그 친구의 잘못은 알고 있어. 엄마랑은 우준이의 이야기를 해 보자. 우준이가 했던 행동이나 말 중에 친구를 속상하게 하는 일은 뭐였을까?"

내가 한 행동을 되돌아보는 시간을 가져야 한다.

우준이와 같이 다툼이 반복되는 아이에게는 공감보다 먼저, 객관적인 상황을 보는 연습이 필요하다.

3. 상대방 입장 생각하기

"우준이가 그 친구였다면, 어떻게 했을까?"

공감은 타고나는 게 아니라, 훈련되는 능력이다.

남의 공감을 원하는 마음만큼, 나도 남을 공감해 줘야 한다는 사실을 알려 줘야 한다.

항상 주도하려 하고, 뜻대로 되지 않으면 분노가 치솟는 우준이와 같은 아이들은, 모든 상황을 자기중심으로 해석하는 성향이 짙다.

그럴수록 양보, 타협, 공감이라는 단어가 집에서 공기처럼 익숙해져야 한다.

관계는 이기는 것이 아니라, 함께하는 것이다.

"네가 네 뜻을 말하는 건 멋진 일이야. 하지만 그보다 먼저, 친구의 마음을 알아주는 게 더 멋진 일이야."

반에 친한 친구가 없는 아이

"나는 혼자 있는 게 더 편해요."

"난 그냥 혼자 노는 게 좋아."

그 말이 진심인지, 포기인지 헷갈릴 때가 있다.

쉬는 시간마다 혼자 책을 보거나 그림을 그리는 현이, 누군가 다가오면 웃으며 대하지만 자기가 먼저 말을 거는 일은 매우 드물다.

엄마는 그런 현이가 걱정스럽다.

'왜 친구를 못 사귀지?'

'내가 현이 어렸을 때부터 일을 해서 그런가? 내가 아이 옆에서 친구를 만들어 줬다면 괜찮았을까?'

괜히 자책도 해 본다.

아이 마음 들여다보기

아이마다 관계를 맺는 속도는 다르다. 친구와 어울리는 데 에너지가 많이 들어서 시간이 필요한 아이도 있고, 쉽게 어울리며 관계를 맺는 아이들도 있다.

그래서 보통은 부모들이 걱정하는 것보다, 아이들은 교실에서 크게 문제없이 잘 지낸다.

무리 지어 놀고 친구들과 섞여 있기보다, 관찰하며 깊은 관계를 천천히 맺는 아이, 그게 내 아이의 속도일지도 모른다. 그런 아이들에게 교실의 1년은 참 짧은 시간이다.

어떻게 도울 수 있을까?

1. 기죽지 않고 또래 활동에 적극적으로 참여하는가?

친한 친구가 없다고 다 외로운 건 아니다. 자기만의 시간을 즐길 줄 아는 단단한 아이일 수도 있다. 모둠활동이나 교실 활동에 문제없이 잘 참여한다면 크게 걱정할 필요 없다.

2. 새로운 환경, 새로운 경험

새로운 환경을 경험하도록, 함께할 수 있는 다양한 체험 활동을 해 보자. 가족들과 캠핑을 가도 좋고, 등산을 가도 좋다. 억지로 다른 사람을 만나게 하는 것보다, 마음 편한 사람들과 새로운 활동을 경험하는 게 더 큰 도움이 된다.

새로운 환경에서 새로운 경험을 하는 것은, 관계를 시작하는 힘을 내면에서 천천히 기를 수 있게 해 주기 때문이다.

3. 고학년이라면, 전문가의 도움이 더 효과적

고학년, 부모가 도와줄 수 있는 영역이 점점 줄어드는 시기이다.

이럴 때는 개인적인 친분이 전혀 없는 전문가의 도움을 받아, 아이가 보다 편안한 마음으로 자신의 이야기를 꺼낼 기회를 주는 것이 좋다. 때론 가장 가까운 사람이 가장 어려울 수 있기 때문이다.

4. 조급한 참견은 역효과

시간이 지나면서, 대부분의 아이들은 마음이 통하는 친구를 알아서 잘 만난다.

억지로 친구를 사귀게 하려는 말은 아이에게 부담으로 다가온다. 부모의 조급함이 오히려 아이를 더 구석으로 내몰 수 있다.

♥

혼자가 괜찮은 건, 정말 마음이 편안하고, 내면이 단단할 때만 가능하다.
나를 믿고 기다려 주는 내 가족이 있다는 사실이, 어떤 친구보다도 힘이 되는 순간이 있다.

말이 많아 지적받는 아이

"하고 싶은 말이 많단 말이에요."

"선생님이 나보고 말 좀 그만하래. 친구들은 다 재밌다고 하는데……."

하나는 수업 중 손을 자주 들고, 때로는 선생님 말씀이 끝나기도 전에 혼자 크게 말하며 끼어든다.

조용히 듣고 있던 친구들이 오히려 선생님 눈치를 보기도 한다.

"쟤 또 저러네."

"하나, 또 혼나겠다."

반복되는 지적에 하나는 점점 속상해진다.

'나쁜 말을 한 것도 아닌데, 그게 왜 잘못이지?'

아이 마음 들여다보기

하나는 산만하거나 예의 없는 아이가 아니다. 속에 있는 말을 꾹 참고 기다리기보다, 자기 말에 즉각적인 반응을 얻고 싶은 욕구가 큰 아이다.

이런 아이들은 어릴 때부터 "오! 맞아!" "우리 하나가 그런 생각도 했어?" "대단해!"라는 반응을 자주 받아 온 경우가 많다. 칭찬과 반응을 통해 '말하는 나'가 인정받는 학습이 쌓여 온 것이다.

그래서 수업 시간에도 주변 상황을 살피는 마음보다 먼저 '나 지금 이 말 하고 싶은데?'라는 충동이 불쑥 튀어나온다.

쉽게 말해서, 상황 판단보다 표현 욕구가 앞서게 된 것이다.

어떻게 도울 수 있을까?

1. 말을 예쁘게 잘하는 것과 바르게 할 줄 아는 것의 차이

아이가 표현을 잘한다고 해서 모든 순간에 일일이 호응해 주거나, 무조건 칭찬해 줄 필요는 없다. 상황에 맞는 말을 적절한 타이밍에 하는 능력 또한 매우 중요하다는 것을 함께 알려 주자.

부모가 과거에 했던 칭찬 방식을 돌아볼 필요가 있다. 말할 때마다 크게 반응하며, "진짜야?", "대단해!"라는 반응을 무조건 즉각적으로 해 주었던 것은 아닌지 반성해 보자.

발화에 대한 즉각적인 칭찬은 점점 더 큰 표현을 요구하게 되기 때문에, 아이의 잘못된 발화 습관을 고착시킬 수 있다.

'내가 또 말해야 관심을 받을 수 있어!'

2. 말을 참아야 하는 상황에 대한 구체적인 지도

단순히 "조용히 해!"보다는 "지금은 어른들끼리 이야기 중이니까, 다 끝나고 나서 이야기하자."라고 상황의 맥락을 가르쳐 주자.

대화의 관계 속 예절을 이해해야 아이도 억울한 감정이 남지 않는다.

3. 바르게 듣는 경험이 필요하다

일단 가정에서 아이의 생각을 충분히 들어 주는 시간을 만들자. 아이가 자기 생각을 맘껏 이야기해도 되는 상황과 아닌 상황을 정확하게 인지할 수 있게 도와줘야 한다.

그렇게 자기 생각을 표현한 후에, 아이도 대화 상대의 말을 끝까지 듣고 적절하게 반응하는 과정을 경험하도록 해야 한다.

"잠깐만, 지금은 엄마 이야기를 들어 줘."
"기다려 줘서 고마워. 이렇게 잘 들어 주니 엄마도 기분이 좋아."
기다리고 듣는 경험이, 말하고 표현하는 경험보다, 더 큰 교육이 된다.

작은 실수에 금세 포기하는 아이

"틀릴까 봐 불안해요."

하진이 엄마는 요즘 하진이가 수학 문제집을 펼치면 걱정부터 된다.

하진이는 한 문제를 풀고 나면, 꼭 엄마에게 묻는다.

"엄마, 이거 맞아?"

"응, 맞았어."

"다행이다. 그럼, 다음 문제 풀게."

이렇게 문제마다 확인을 받고 나서야, 다음으로 넘어간다. 한 장을 끝내기까지 몇 번이나 멈추고, 확인하고, 또 확인한다. 그런 하진이를 위해, 엄마는 항상 옆에 있어 줘야 한다.

"혼자서 하고, 한 번에 채점하면 안 돼?"

"틀릴까 봐 싫어. 그냥 엄마가 확인해 줘."

엄마는 조심스럽게 말해 본다.

"틀려도 괜찮아. 그러면서 배우는 거야."

하진이는 고개를 푹 숙인다.

"그냥 해 줘. 틀릴까 봐 걱정돼."

학교에서는 더 심하다.

상상하여 동물을 그리는 시간, 하진이는 우주 고양이를 그리다가 귀 한쪽 선이 비뚤어진 걸 보고는 지우개로 모조리 지워 버렸다. 그러고는 아무것도 그리지 않고 가만히 종이를 보고만 있다.

"하진아, 천천히 다시 시작해 보자. 시간 충분해서 다시 그려도 돼."

선생님의 다정한 말씀에도, 하진이는 이미 속상한 마음이 가득 차오른 듯 "그냥 안 하고 싶어요." 하고 작게 웅얼거리며 고개를 저었다.

아이 마음 들여다보기

성취보다 완벽함에 집착하는 아이다. 실수는 허용되지 않고, 틀렸다는 말은 "넌 똑똑하지 않아."라는 말처럼 느껴진다.

하진이와 같은 아이들은 실수는 실패고, 실패는 창피한 것으로 생각한다. 그래서 무엇이든, 실수가 두려워서 시작조차 꺼리게 되는 것이다.

특히 결과 중심의 칭찬과 보상에 익숙해진 아이들은 "틀리면 실망하겠지?" "잘해야 칭찬받고 사랑받을 텐데……." 같은 압박을 쉽게 느끼게 된다.

자존감이 높은 것처럼 보이지만, 깊은 마음속에 '완벽하지 않을 텐데, 어쩌지?'라는 불안이 숨겨져 있다.

어떻게 도울 수 있을까?

1. 실수에 대한 인식 바꾸기

"틀렸어? 속상하다고? 그래, 속상할 수 있지. 다시 풀어 보면 되지 뭐. 하진아, 엄마는 지금 이 책 읽고 있는데 진짜 재미있어. 엄마가 이 책 읽는 동안 하진이도 다시 해 봐."

이미, 실수에 대한 두려움이 있는 아이에게 그 실수에 대해 크게 반응하지 말자. 과하게 반응하는 것을 공감해 주는 것이라 오해하는 경우가 많다. 그냥 엄마가 대수롭지 않게 여기는 모습에 아이는 오히려 안심할 수 있다.

2. 과정에 대한 칭찬

"오! 잘했네!"보다는, "어때? 엄마라면 속 시원하고 뿌듯할 것 같아!"처럼 평가가 아닌, 엄마의 감정을 표현해 주는 것이 좋다.

이렇게 노력에 대해 본인 스스로 생각해 볼 시간을 갖도록, 돕는 대화를 해 보자.

3. 어른의 실수를 자연스럽게 보여 주기

"앗, 엄마도 실수했네. 다시 해 볼게!"

어른들도 틀리는 경우가 있고, 그럴 땐 다시 하면 된다는 메시지를 일상에서 함께 나눈다면, 아이는 더 이상 실수를 두려워하지 않을 수 있다.

♥

아이에게 필요한 건 완벽함에 대한 욕심보다, 실수할 수 있는 용기이다.

부모와 함께 실수를 많이 경험해 본 아이가, 자기만의 정답을 찾아 모험을 떠날 수 있지 않을까?

칭찬이 없으면 불안한 아이

"나 잘했죠? 나 대단하죠?"

"선생님! 저 벌써 다 했어요!"

승안이는 수업 시간에 항상 자기가 제일 먼저 끝냈다는 걸 알리고 싶어 한다. 그래서 항상 이렇게 큰 소리로 외친다.

채점 시간이 다가오자, 승안이는 또 외친다.

"선생님, 너무 쉬워요!"

집에서도 마찬가지다.

"엄마! 나 잘했지? 이거 봐봐. 진짜 잘했지?"

엄마는 승안이의 말에 친절하게 대답해 준다.

"정말 잘했다! 대단해!"

승안이는 이렇게 늘 칭찬받고, 관심받고 싶다. 그래서 친구들 앞에서도 뭐든지 잘난 척을 한다.

"난 이거 벌써 끝났는데. 너무 쉽지 않아? 너 아직도 못 했어?"

아이 마음 들여다보기

승안이처럼, 칭찬을 갈구하는 아이들은 사실 마음속 깊은 곳에 불안이 있다.

'내가 괜찮은 사람인가?'

'사람들이 날 좋게 봐 줄까?'

이러한 불안감은 스스로에 대한 확신이 부족해서 생긴다. 그래서 아이는 자신의 가치를 증명해 줄 수 있는 확실한 외부의 평가를 원하게 된다. 그게 바로 칭찬이다.

부모들은 친구들 사이에서 잘난 척하는 모습 때문에 자녀가 자존감이 높다고 착각하지만, 오히려 자존감이 낮아서 그렇다는 것을 알아야 한다.

어떻게 도울 수 있을까?

1. 존재 자체에 대한 긍정

"와, 우리 승안이는 참 따뜻한 아이구나."

"엄마는 승안이가 이렇게 옆에 있어 줘서 정말 행복해."

무엇을 잘해서가 아니라, 너란 존재 자체로 사랑받는다는 확신을 주는 게 중요하다.

2. 인정받아야만 가치 있다는 믿음 깨기

세상에는 아무도 알아주지 않아도, 행복한 일들이 너무나 많다.

내가 좋아하는 걸 하고 나서, 스스로 만족했다면 그걸로 충분히 행복할 수 있다는 진리를 함께 경험해 보자. 예를 들어, 자기만의 공간에서 좋아하는 활동을 하고, 비밀 일기 쓰기.

그 시간만큼은 혼자만의 소중한 비밀 시간이기 때문에 아무리 궁금해도 물어보지 말자.

3. '나는 어떤 사람인가?' 스스로 생각하기

"넌 어떤 걸 좋아해? 아빠는 요즘 뭘 때, 가슴이 뻥 뚫리는 기분이야. 넌 그걸 하면 기분이 어때?"

일상의 질문을 던지며, 스스로에 집중하고, 내면의 동기를 찾아가는 시간을 가족 모두가 함께 나누자.

4. 과한 칭찬 대신, 진심

"와, 정말 잘했어! 벌써 다했어? 대단해!"보다는, "네가 그렇게 신나게 끝내는 모습을 보니까, 엄마도 같이 신난다!"처럼 결과보다 마음을 알아주는 말이 아이의 마음을 더 몽글몽글하게 만든다.

♥

인정받고 싶어서, 크게 웃고, 먼저 말하고, 잘난 척하는 아이. 그 마음 깊은 곳엔 이런 말이 숨어 있을지 모른다.
"나 괜찮은 아이 맞지? 나 사랑하지? 날 좋아해 줘."
아이를 꼬옥 안아 주며 속삭여 주자.
"그냥 너라서 사랑해. 다 괜찮아."

물건을 자주 잃어버리는 아이
"분명 여기 뒀는데 없어졌어요."

"엄마, 가방에 필통이 안 보여요! 어? 영어 공책 어디 있지? 숙제해야 하는데……."

엄마는 익숙한 이 상황에 한숨만 나온다.

이틀에 한 번은 뭔가를 잃어버리거나, 두고 오는 예서다.

"어? 분명히 넣었는데……. 어디 갔지? 누가 가져갔나? 갑자기 없어졌어."

엄마는 점점 화가 난다.

"도대체 몇 번째야? 정신 좀 차리고 다녀!"

그렇게 또 혼난 예서는 입을 내밀고 고개를 푹 숙인다.

스스로도 도대체 이유를 모르겠다.

수업 시간에는 연필이나 지우개를 빌리느라 바쁘고, 주변이 지저분하다는 이유로 선생님께도 자주 혼난다.

아이 마음 들여다보기

물건을 자주 잃어버리는 아이는 단순히 부주의한 아이라서가 아니다. 주의집중에 어려움을 겪고 있거나, 정리 정돈에 대한 기본 훈련이 부족한 상황일 수 있다.

특히 초등 저학년 때 이 훈련이 되어야 하는 이유는, 체계화된 정리 능력은 훈련이 필요한 영역이기 때문이다.

가방을 싸는 순서, 물건을 넣는 위치, 마지막으로 한 번 더 확인하는 습관, 등의 과정들은 어른의 눈에는 당연한 일이지만, 아이들에게는 생소하고 어려운 일일 수 있다.

예서와 같은 아이들은 물건을 잃어버렸을 때, 혼나는 일이 반복되다 보니, 오히려 잃어버린 사실을 숨기거나 핑계를 대기도 한다. 그 모습에 부모는 더 화가 난다. 모두에게 악순환이다.

어떻게 도울 수 있을까?

1. 정리 정돈 훈련

부모가 자녀의 물건을 일방적으로 챙겨 주는 것이 아니라, "우리 같이 챙겨 보자"로 함께하자. 답답하고 느려도 함께해야 한다.

2. 물건마다 자리 정하기

가정에서의 습관이 학교에서도 이어진다. 체크리스트를 만들어 반복해 보자.

습관은 반복을 통해 만들어진다. 이미 정리 정돈에 어려움을 겪고 있는 아이의 부모는 이러한 과정을 함께해 주어야 한다. 아이들이 혼자 시작하긴 정말 어렵기 때문이다.

3. 정리의 예시 보여 주기

"잘 정리해 봐."라는 지시는 너무 추상적이다.

부모가 먼저 정리 정돈 예시를 보여 줘야 한다. 아이가 예시를 직접 보며 정리할 수 있게 해야 효과적이다.

4. 책임감 키우기

실수의 경험을 책임과 계획으로 반드시 연결해 줘야 한다. 물건을 잃어버린 뒤에는 직접 끝까지 찾아보게 하고, 잃어버렸기 때문에 생기는 불편함도 어느 정도 스스로 감수하도록 해야 한다. 잃어버렸다고 해서 곧바로 다시 쉽게 사 주거나, 문제를 부모가 대신 해결해 주어서는 안 된다.

5. 성격이 아닌 습관의 문제다

"넌 왜 이렇게 덤벙대?"라는 말은 비난일 뿐이다.

"정리를 잘하는 것도 공부처럼, 능력이 필요하대. 당연히 능력은 연습하고 노력해야 성장하는 거 알지? 처음부터 잘할 수는 없으니까, 우리도 같이 천천히 연습하고 노력해 보자!"

이렇게 너의 성격이 문제가 아니라, 연습하고 노력하면 되는 문제라는 것을 알려 주자. 아이는 비난받지 않고도, 배울 수 있다.

♥

정리는 기술이 필요한 능력이고, 습관은 연습이 쌓여 형성된다.

처음부터 잘하는 아이는 없고, 도와주는 어른이 옆에 있는 아이는 성장한다.

아이의 실수 위에 비난이 아니라, 길잡이가 될 지도를 놓아 주자.

공부는 안 하면서, 스트레스만 받는 아이

"공부하기 싫은데 시험 망치는 것도 싫어요."

"어휴, 공부는 안 하면서 왜 그렇게 스트레스는 받는 거야?"

엄마는 답답하다. 숙제하라면 짜증부터 내고, 학원에서 시험 보는 날엔, 방에 틀어박혀 아무것도 안 하면서 혼자 한숨만 푹푹 쉬고 있는 승은이가 이해되지 않는다.

하라는 건 안 하면서, 붙잡고만 있는 승은이는,

"나 진짜 망했어. 하, 짜증 나."

입버릇처럼 말한다.

"그럼, 좀 열심히 하면 되잖아."

답답한 마음에 엄마도 말해 보지만, 오늘도 소용없다.

아이 마음 들여다보기

승은이는 공부가 싫은 게 아니다. 사실은 너무 잘하고 싶은 아이다.

하지만 스스로 실력을 믿지 못하고, 막막한 미래가 불안해서 어디서부터 해야 할지, 지금 내가 뭐부터 해야 하는지, 생각의 회로가 고장이 나 있는 것이다. 그래서 할 일을 미루고, 그렇게 미루는 자신이 싫고, 그 싫은 마음 때문에 더 미룬다.

그런 악순환이 쌓여서, 스트레스가 폭발하는 것이다.

어떻게 도울 수 있을까?

1. "너 진짜 잘하고 싶구나." 공감해 주기

공부는 안 하면서 스트레스를 많이 받는 아이는, 사실 잘하고 싶은 욕구가 강한 아이다.

"안 해서 문제야."보다는 "잘하고 싶은데 무서운 거야?"를 먼저 말해 주자.

마음을 읽어 주는 어른이 있을 때, 아이는 의지하며, 작은 시작을 할 수 있다.

2. 목표를 작게 쪼개서 성취감부터 쌓기

"이번 주는 이 단원까지만 해 보자."

"오늘은 딱 다섯 문제만 풀어 보자. 대신 집중해서!"

먼 미래보다, 눈앞의 성공 경험이 더 쉽게 동기를 불어 넣어 준다. 시작이 가볍고 작을수록 부담은 줄어들고, 아이는 '나도 할 수 있다'는 자신감을 되찾으며 다시 용기를 낼 수 있다.

3. "남들과 비교하지 말고, 너의 속도로 가자."

아이가 자신의 속도로 가도 된다는 믿음을 가질 수 있게 해 주자.

느려도 괜찮다는 말은 자칫 느리다는 말에만 집중하게 만들 수도 있다.

"네가 해내고 싶은 목표가 뭐야? 거기에 결국 도착하면 되는 거야. 너의 속도로 가면 돼! 멋있어!"라고 말해 주며, '나의 속도'에 대한 확신을 갖도록 든든한 지원자가 되어 주자.

♥

공부를 안 한다고, 포기한 게 아니다. 때론 너무 간절해서 시작이 어려울 수 있다.

잘하고 싶은 마음은 가장 큰 동기도 되지만, 가장 큰 스트레스가 되기도 하니까…….

"너만의 속도로 가도 괜찮아. 쉽게 이루어지는 꿈은 없어, 하지만 노력하면 결국 그 꿈에 닿게 되어 있어."

학교 갔다 집에 오면 짜증 내는 아이
"나도 몰라! 다 싫고 힘들어요!"

오늘도 온하는 집에 들어오자마자 가방을 던지고, 신발도 아무렇게나 벗고, 엄마 얼굴을 보기도 전에 짜증부터 낸다.

소파에 얼굴을 파묻으며 온몸으로, 짜증을 표현하는 온하. 그런 온하를 지켜보던 엄마는 걱정되어 묻는다.

"학교에서 무슨 일 있었어?"

"아니! 몰라!"

걱정되어 담임선생님과 상담하면, 항상 "성실하고, 친구들에게 인기도 많은 참 훌륭한 아이예요."라는 대답뿐이다.

그런데 왜 집에만 오면, 이렇게 짜증을 부리는 걸까? 엄마는 혼란스럽다.

아이 마음 들여다보기

온하는 학교에서 하루 종일 열심히 살았다. 친구들 관계에서 다투지 않으려고 말조심하고, 배려하고, 웃어 주었다. 수업 시간엔 선생님 말씀에 집중하려 애쓰고, 활동에 열심히 참여했다. 그 모든 것이 온하에게는 엄청난 에너지 소모다.

집은 가장 편안하고, 안전한 곳이기에, 그곳에서 비로소 그 감정을 모조리 풀어낸다.

짜증은 문제 행동이 아니라, "오늘 하루, 나 진짜 열심히 살았어. 안아 줘!"라는 아이의 외침일 수 있다.

어떻게 도울 수 있을까?

1. 감정 해소의 시간 갖기

"왜 그래?" "왜 짜증 났어?" 묻지 말고, 10분만이라도 그냥 쉬게 두자.

아이도 자기만의 회복 시간이 필요하다. 그 회복하는 시간 동안 짜증은 점점 사라진다. 믿어 주자.

2. 짜증 속에 숨겨진 감정 찾기

"오늘 좀 피곤했나 보다. 수고했어." 말하며 안아 주자.

아이는 자기가 왜 짜증 나는지, 모를 수도 있다. 대신 감정을 찾아 주는 말이 아이를 안정시켜 줄 수 있다.

3. 감정을 표현하는 연습

억눌렀던 감정을 풀 수 있는 공간은 누구에게나 필요하다. 혼자만의 공간에서 자기감정에 집중하고, 흘려보낼 시간을 주자.

부모가 먼저 아이의 짜증을 문제 행동이 아닌 회복 행동으로 생각해 주면 아이도 스스로 느긋해질 여유가 생긴다.

♥

아이들도 하루하루를 살아 낸다. 우리보다 아주 작은 몸으로, 더 큰 세상과 부딪치며…….

짜증을 내는 그 순간, 이런 뜻이 담겨 있을지도 모른다.

"오늘, 나 진짜 열심히 살았어. 그러니까, 나 좀 안아 주세요……."

선생님을 무서워하는 아이

"선생님이 너무 무서워요."

서안이는 매일 교실 문 앞에서, 심호흡을 하고 들어간다. 이상하게도, 아침마다 긴장되기 때문이다.

오늘은, 한 친구가 교실에서 뛰다가 선생님께 혼났다.

"교실은 뛰는 곳이 아니야. 그렇게 뛰어다니면 너도 다칠 수 있고, 다른 친구들도 다칠 수 있어."

선생님의 목소리는 크지는 않았지만 단호했다.

그 순간, 뛰었던 친구보다 서안이가 더 움찔했다. 고개를 푹 숙이고, 책상 아래 손을 꼭 쥐었다.

수업을 시작하기 전에 선생님은 교실에서 지켜야 할 규칙에 대해 다시 설명해 주었다. 서안이는 괜히 숨을 죽였다. 자기 얘기가 아님을 알면서도, 괜히 혼나는 기분이 들었기 때문이다.

"괜찮아. 선생님께 혼난다고 해서 선생님이 널 싫어하는 게 아니야."

아무리 말해도, 서안이는 '선생님은 무서운 사람'이라고 생각하는 듯하다.

'학교에서 아무 문제 없이 잘 지내는 것 같은데……. 왜 저렇게 선생님을 무서워하는 걸까?'

아이 마음 들여다보기

서안이는 위험한 어른을 만나서 무서운 것이 아니다. 권위에 대한 감정이 또래에 비해 예민한 아이다.

단호한 말투, 또박또박 훈육하는 목소리, 그런 것만으로도 아이는 위협을 느낀다. 그리고 아이는 자신의 감정 정보만을 바탕으로 이렇게 착각한다.

'선생님의 단호한 태도는 화가 나고 싫어하는 감정 때문일 거야.'

어떻게 도울 수 있을까?

1. 선생님이라는 자리는 '역할'이다

"선생님도 엄마처럼 누군가의 부모일 수도 있어, 그리고 누군가의 자녀이기도 하지."

"학교에서는 학생들을 지키는 역할을 해야 해서 단호해질 수밖에 없던 건 아닐까?"

이렇게 아이가 선생님의 훈육을 나쁜 감정에 의한 것이라고 오해하지 않도록 도와주자.

2. 선생님의 권위는 교실을 지켜 주는 도구다

"교실의 규칙이 무너지면, 모두가 피해당하게 돼."

"선생님의 단호함이, 오히려 너를 보호해 주는 거야."

권위는 아이를 억압하기 위한 게 아니라, 보호하려는 도구임을 알려 주자.

3. 표현의 이유는 감정만이 아니다

"선생님이 누군가를 혼내도, 미워해서 그런 건 아니야."

"혼낼 땐 단호하지만, 아이들을 아끼는 건 변하지 않아. 엄마가 널 혼낸다고 해서 널 사랑하는 게 변하는 건 아니잖아."

표현에는 '좋고, 싫음' 같이 감정의 이유만 있는 것이 아니라, '역할'과 '상황' 등 여러 가지 이유가 있을 수 있다는 것을 이해하도록 도와줘야 한다.

♥

세상 모든 선생님이 다 친절할 순 없다. 어떤 선생님은 단호하고, 목소리도 크고, 표정이 무서울 수도 있다.

그런데 그런 모습이 곧, 나를 싫어하거나 공격하려는 게 아니라는 것을 아이들이 이해하길 바란다. 그 선생님이 그냥 그런 사람인 거다. 모두가 다르듯이……

"선생님은 너를 지키는 사람이야. 그 역할을 다하려고, 강해지는 거야. 가끔은 강한 어른이 네가 다치지 않게 앞에서 지키고 서 있어야 하는 거니까."

학교생활에 흥미 없는 아이

"학교에 왜 가야 해요?"

"학교는 왜 가야 해? 학교 재미없어. 공부는 학원에서 하면 되잖아."

태경이는 어느 날 아침, 세수하다가 툭 내뱉었다.

엄마는 순간 멈칫했다.

"재미있는 것만 하면서 살 순 없잖아."

그런 대답은 이미 태경이의 귀에 들어오지 않는다.

태경이는 숙제를 해도, 친구와 놀아도, 체육 시간에도 무기력했다.

선생님이 "태경아, 우리 이거 해 볼까?" 물어도, 태경이는 대답 대신 고개를 숙였다.

"모르겠어요."

놀랍게도 태경이는 문제아가 아니었다. 싸우지도 않고, 친한 친구들도 있고, 수업도 문제없이 잘 따라오는 학생이다.

하지만 눈빛에 힘이 없는 아이. 마치, '이건 내가 원하는 삶이 아니에요.'라고 말하는 듯했다.

아이 마음 들여다보기

태경이는 무기력하다. 모든 것에서 의미를 찾으려고 해보지만, 아무것도 의미가 없어 보인다.

성적, 친구, 수업, 급식, 다른 친구들이 의미를 두고 있는 모든 것에서 의미를 찾을 수가 없다.

아이는 아직 어리지만, '왜?'라는 질문을 스스로에게 던지고 있다.

이미 이런 질문에 빠진 아이에게 누구라도 진심으로 대답해 주지 않으면, 아이 마음은 점점 더 무기력해지고 삶의 의미를 놓치게 될 수도 있다.

어떻게 도울 수 있을까?

1. '의미'에 대한 '의미'를 가볍게 받아들이기

"학교는 원래 가야 하는 곳이야." 대신, 학교는 우리가 살아가는데 가장 쉽게 쓸 수 있는 도구 중 하나일 뿐이라는 것을 알려 주자. 그런 도구에 의미를 부여하느라 너무 애쓰지 말고, 나를 위해 그 도구를 사용하자고 고민을 가볍게 만들어 보자.

2. 따뜻한 위로가 필요한 순간

재미없는 걸 견디는 것도 능력이고, 내가 세상을 즐길 줄 아는 것도 능력이다.

그런 능력들로 네가 견뎌 내고 있는 모든 것들이 대견하고, 그 자체로 이미 충분하다고 위로를 건네자. 지금 아이는 앞으로 나아갈, 그냥 따뜻한 위로가 필요한 순간일지도 모른다.

3. '현실을 살아가는 감각'을 일깨워 주기

요즘 아이들은 핸드폰 속 세상에 빠져 현실의 삶을 놓

치기 쉽다. 현실은 핸드폰 속 세상처럼 자극적이지도, 빠르지도 않다. 핸드폰과 잠시 거리 두고, 가족과의 시간을 늘려 보는 것이 좋다.

4. 하루하루 살아가는 것 자체가 아름다운 것이다

그냥 하루하루 살아가는 것 자체로, 이미 대단한 것이라는 걸 아이와 함께 감사하며 살아 보자. 함께하는 시간 동안 서로에게 사랑을 표현하자.

5. 부모가 먼저 행복하자

부모의 모습은 아이에게 삶의 길잡이가 되어 준다. 불행을 참고 견디는 삶보다, 기쁨을 찾아가는 삶을 함께하자. 오늘 저녁이 맛있어서 행복하고, 노을이 예뻐서 행복하고, 그냥 네가 내 옆에 있어서 행복함을 표현하는 부모가 되어 보자. 웃음이 행복한 부모가 되어 보자. 그렇게 함께 행복을 느껴 보자.

♥

가끔은 어른들도 묻는다.

"나는 왜 이렇게 힘들게 일하고, 왜 이렇게 아등바등 살아야 하지?"

그렇듯, 아이의 "왜 학교에 가야 해요?"라는 질문은 아주 정당한 질문이다.

그 질문에 답을 줄 때, 진심이어야 한다.

"너는 어떤 삶을 살아가고 싶어?"

그 질문에 함께 귀 기울이는 순간, 아이에게 학교는 단지 의무가 아니라, 내 삶을 살아가는데, 아주 쉽게 쓸 수 있는 연습장으로 변신한다.

2교시

우리 아이,
친구 관계가
고민이에요

2교시를 시작하며

학교생활에서 아이들을 웃게 만들고, 울게 만들기도 하는 존재, 바로 친구.

학교 친구는 아이가 부모의 도움 없이 스스로 선택하여 맺는 자발적인 인간관계다. 친구는 가족이랑은 달리, 서로 원하면 가까워지고, 멀어질 수도 있다. 그래서 어쩌면 더 가벼울 수 있는 관계일 텐데……. 이 가벼울 수 있는 자유 속에서 아이들은 쉽게 상처를 받기도 한다. 속상하게…….

나는 교실에서 수많은 우정을 보았다. 매일 붙어 다니며 비밀을 나누는 단짝의 우정, 쉬는 시간마다 뒹굴며 장난치는 우정, 서로 취미가 맞아 같이 시간을 보내는 우정.

하지만 그 옆에는, 홀로 아픈 마음을 견뎌 내는 아이들도 있었다.

"넌 빠져!"라는 한마디에 하루가 무너지는 아이, 이유도 모른 채 따돌림을 당하는 아이, 친구의 기분을 살피느라 늘 긴장하는 아이.

이 장을 쓰는 이유는, 친구 관계에서 생기는 상처를 단순한 어린애들 다툼으로 가볍게 넘기지 않기 위해서다. 아이들 사이의 다툼과 갈등은 단순한 문제가 아니다. 그것은 아이의 자존감 형성, 타인에 대한 신뢰, 그리고 다른 사람과 관계를 맺는 방식을 결정짓는 아주 중요한 경험이다.

이 장에 담긴 이야기는 단지 상처받은 아이들만의 이야기가 아니다. 때로는 내 아이가 누군가에게 상처를 주는 입장이 될 수도 있고, 그 사실조차 모른 채 관계를 이어 갈 수도 있다.

이 글을 읽는 부모에게 바라는 것은, 아이가 건강한 관계의 경계를 만들고, 상처 주는 관계에서 스스로 걸어 나올 수 있도록 옆에서 함께해 주는 것이다.

친구 관계는 아이 마음속 작은 집과 같다. 그 집 안에서 아이가 웃고 있다면 다행이지만, 울고 있다면 그 이유를 함께 찾아야 한다. 이 장이 눈물의 이유를 찾아 주는 등불이 되길 바란다.

친구들 사이에서 겉도는 아이

"아무도 나랑 안 놀아 줘요."

　지우는 오늘도 혼자였다. 쉬는 시간마다 고개를 두리번거리며 친구 무리에 다가가려 해 봤지만, 이미 친해진 친구들을 보면, 조심스러운 마음에 발걸음을 머뭇거리게 된다.

　친구들 사이에서는 이미 친한 친구들이 정해졌고, 지우는 늘 뒤늦게 다가가려 하지만 그게 쉽지 않다.

　어느 날은, 용기 내어 다가간 적도 있다.

　"나……, 나도 같이 해도 돼?"

　그러자 돌아온 대답은,

"지금은 안 돼. 우리끼리 이미 하고 있었어. 미안."

지우는 웃으며 돌아섰지만, 마음은 울고 있었다.

'나는 왜 이럴까. 친구들은 왜 날 싫어하지?'

아이 마음 들여다보기

지우는 지금 관계 속에서 의도치 않은 배제를 경험하고 있다. 자신을 제외한 채 만들어진 친구들의 그룹을 보며, 지우는 "넌 우리에게 필요 없어."라는 상처를 스스로 만들어 낸다.

초등학생 아이들은 친구 관계에 매우 민감하다. 친구들과 놀이에 함께한다는 것 자체로 소속감과 안정감을 느낀다.

그 안에 포함되지 못할 때 아이는, '내가 싫은 걸까?' '내가 뭘 잘못했나?' 하고 끊임없이 스스로를 의심하며 자기 비난을 시작한다.

이것은 사회성 발달의 중요한 어린 시기에 자기효능감을 꺾어 버리는 일이 될 수 있다.

어떻게 도울 수 있을까?

1. 감정 공감 먼저, 해결은 나중에

"그래서 너도 껴 달라고 말했어? 나도 한다고 이야기해 보지!"보다는, "속상했겠다, 놀고 싶었는데 빼놓으면 진짜 서운하지. 엄마라도 눈물 났을 것 같아." 이렇게 아이의 감정을 먼저 안아 주자.

나의 감정이 인정받고, 따뜻하게 표현되면, 아이도 언젠가는 자기 마음을 솔직하게 드러낼 수 있는 용기가 생길 것이다.

2. '관계 맺기'는 기술이다

친구 관계는 성격이 좋거나 착하다고 저절로 잘 맺어지는 것이 아니다. 관계 맺기도 기술이고, 연습이 필요하다.

관계 맺기 기술이 부족한 아이는 그저 재미있어 보이는 친구에게 다가가다가, 상처받기 쉽다.

'재미있는 친구가 곧, 나와 꼭 잘 맞는 친구가 아니다.'라는 사실을 아이에게 알려 주어야 한다.

"넌 어떤 친구랑 있을 때 가장 마음이 편해? 말이 많지 않은 친구? 나랑 비슷한 친구? 아니면 책을 좋아하는 친구? 운동을 좋아하는 친구?"

아이가 자신의 성향을 파악하고, 비슷한 결을 가진 친구를 알아보는 눈을 기를 수 있도록 도와주자. 그런 눈을 갖기 위해선 관계를 맺는 경험에 대한 충분한 대화가 필요하다.

아이가 '좋은 관계'를 만들어 가는 건, 감각으로 되는 게 아니라 연습으로 완성되는 기술이다. 부모가 옆에서 함께 연습하면, 아이는 자기만의 관계 기술을 더 빠르게 찾을 수 있을 것이다.

3. 한 명의 좋은 친구 만나기

많은 친구가 필요한 게 아니다. 아이가 편안함을 느끼는 단짝, 한 명이면 충분하다.

관심사나 성향이 비슷한 친구를 중심으로 연결되도록, 담임 선생님과 상담해서, 친해질 기회를 비밀스럽고 자연스럽게 제공해 주는 것도 좋다.

4. 먼저 말해 주기

'친구들이 모두 날 싫어하나?'라는 마음은 '나는 쓸모 없는 존재인가?'라는 마음으로 이어질 수 있는 우울한 감정이다.

부모가 먼저 자주 말해 주자.

"너는 정말 멋진 사람이야. 친구들에게 그걸 아직 안 보여 줬을 뿐이지!"

아이의 마음에서 들리는 가장 아픈 소리는, '나는 정말 사랑받을 수 있을까?'라는 질문이다. 그 질문에 지치지 말고 계속 대답해 주자.
"당연하지! 너는 지금! 여기! 있어 주는 것! 만으로 사랑스럽고, 사랑스럽고, 사랑스러운 존재란다."

지적하고 혼내는 친구 때문에 힘든 아이

"뭘 해도 내가 잘못한 거래요."

서인이는 요즘 지오와 같이 놀기가 힘들다. 지오가 자꾸 서인이에게 이래라저래라, 지적하기 때문이다.

"그렇게 하면 안 돼."

"아직도 못했어? 빨리 해!"

"그건 내가 먼저 잡은 거잖아. 저리 가."

지오는 꼭 선생님처럼 굴면서, 서인이가 뭘 하든 간섭하고 혼낸다.

모둠 활동 때도, 쉬는 시간에도 마찬가지다.

지오의 말에는 늘 명령과 지적이 섞여 있다. 처음엔 친하고 편해서 그런 줄 알고 참았다. 하지만 시간이 갈수록, 서인이는 점점 지쳐 갔다.

"네가 가만히 있으라면서……. 그래서 가만히 있었는데……."

풀이 죽은 서인이에게 지오는 또 화가 난 목소리로 말했다.

"넌 진짜 왜 이렇게 눈치가 없어?"

서인이의 마음은 또 쪼그라들었다.

아이 마음 들여다보기

서인이는 지오의 지적을 '내가 잘못해서 그런가?'라고 해석한다.

하지만 실상은 다르다. 서인이의 문제가 아닌, 지적을 일삼는 지오의 정서적인 문제다.

지오는 상황이 자기 생각대로 되지 않으면 불안하고, 그 불안을 감추고 없애기 위해, 사람을 통제해서 상황을 바꿔 보려 한다. 그 대상이 만만해 보이는 서인이가 된 것이다.

서인이처럼 통제받는 아이는 자꾸 위축되고, 통제하려는 친구와의 관계를 벗어날 수 없는 것처럼 느끼게 된다. 결국에는 '친구는 나보다 더 잘난 존재, 나는 부족한 존재'라는 왜곡된 생각 속에 자신을 가둬 버리게 된다.

그 관계를 벗어나기 위해서는 마음의 힘이 필요하다. 그 힘을 키워 줄 어른이 지금 서인이에게 필요한 것이다.

어떻게 도울 수 있을까?

1. 공감해 주기

"와, 진짜 기분 나빴겠다. 엄마도 기분 나쁘네."

감정을 들어 주고 공감해 주면, 아이는 내가 느끼는 감정에 대한 정당성을 확인하게 된다. 아이의 감정에 힘을 실어 주자.

2. 통제하는 친구의 심리 짚어 주기

"그 친구는 친구가 아니라, 대장 역할을 하려고 하네. 너를 조종하고 싶나 봐."

"그런 친구들은 오히려 자신감이 없어서, 친구들을 마

음대로 해서라도 인정받고 싶은 거래. 인정받을 수 있는 좋은 방법을 모르는 거지.”

아이가 그 지적을 듣고 스스로 탓하지 않도록 도와주는 가장 좋은 방법이다.

점점 아이가 ‘나의 문제가 아닌 너의 문제였구나.’라는 여유 있는 마음가짐으로 친구를 대할 수 있게 될 것이다.

3. 자기 생각을 당당하게 말하는 연습

“그렇게 말하면 기분 나빠.”

“아니, 난 그거 마음에 안 들어.”

짧지만 단호한 표현을 연습해 보자. 예상치 못한 상황에서, 당황하지 않고 말하기 위해선 직접 말하는 연습이 효과적이다.

4. 나를 지키는 마음과 행동할 수 있는 용기

“친구는 당연히 평등한 관계여야 해. 하지만 지금 그 모습은 평등한 관계가 아니야. 무조건 속상함을 참는 게 착한 마음이 아니란다. 제일 소중한 ‘나’에게도 착해야지.

스스로를 지키는 마음! 그 마음이 정말 중요한 거야. 날 지킬 줄 아는 마음과 행동할 수 있는 용기. 그게 먼저야."

아이가 관계 안에서 나의 위치를 객관적으로 볼 수 있도록 도와주고, 나를 지키는 것 또한, 용기가 필요한 일이라는 것을 알려 주자.

♥

가끔은, '나는 괜찮은 사람이야.'라는 믿음 하나가 날 지켜 준다.
"너의 지적은 나를 절대 흔들지 못해!"

놀이에서 배제되어 속상한 아이

"나는 안 끼워 줘서 속상했어요."

쉬는 시간, 아이들이 모여 보드게임을 꺼내고 있었다.

"나도 할래!"

지훈이가 들뜬 목소리로 다가가자, 수연이가 다른 아이들에게 눈짓을 주며 말했다.

"지훈이는 빠져. 너는 규칙도 잘 모르잖아."

아이들은 멋쩍게 웃으며 보드게임을 시작했다.

지훈이는 말없이 자리로 돌아가 책을 펼쳤지만, 마음은 보드게임을 하는 친구들을 향해 있었다.

그날, 집에 온 지훈이에게 엄마가 물었다.

"오늘 뭐 하고 놀았어?"

"그냥 책 봤어. 친구들이랑도 놀고……."

지훈이는 툭 던지듯 말하고, 방에 들어갔다.

"넌 빠져!" 그 말 한마디가, 지훈이 귓가에서 떠나질 않았다.

아이 마음 들여다보기

아이에게 "넌 빠져."라는 말은 단순히 놀이에서의 배제가 아니다.

"난 너 싫어. 여기 있는 애들도 다 널 싫어할걸?" "넌 우리랑 친해질 수 없어."라는 말로 들린다.

이런 말을 반복해서 듣는 아이는 '친구들이 다 나를 싫어하나? 내가 이상해서?'라는 왜곡된 자아 인식을 갖게 된다.

지훈이처럼 감정 표현이 서툰 아이들은 억울하거나 슬퍼도 표현하지 못한 채, 결국 모든 사람에게 마음을 닫고 혼자가 되는 것을 선택하기도 한다.

어떻게 도울 수 있을까?

1. 무시당한 경험을 대화로 풀기

아이가 이런 감정을 꺼내려면, 평소 마음을 많이 나누는 사이라야 가능하다.

"자, 내가 들어 줄 테니, 너의 마음을 말해 보렴!" 이런 질문에 바로 마음을 이야기하는 아이들은 거의 없다. 아이들은 대부분 평소 나누는 자연스러운 대화 속에서 마음을 표현한다. 아이의 이런 아픔을 놓치지 않으려면, 평소에 소소한 대화를 많이 나눠야 한다.

2. 감정을 꺼냈다면, 같이 화내 주기

"넌 빠져!"라는 말에 화 안 날 사람은 없을 것이다.

아이의 속상함이 당연하고 정당한 감정이라는 것을 부모가 함께 공감해 주자. 그래야 아이는 자기감정을 표현할 용기를 갖게 된다.

3. '싫음'은 무례의 이유가 될 수 없다

"넌 빠져!"라는 표현과 행동은 예의 없는 행동이라는

것을 짚어 주자.

"널 싫어할 순 있어. 그래도 남들 앞에서 그렇게 말하는 건 무례한 거야."

싫어하는 감정으로 남에게 상처를 준다면 그건 괴롭힘이라는 것을 알려 줘야 한다.

4. 그 자리에 있는 친구들이 모두 같은 마음은 아니다

유독 한 친구가 무례하다고 해서, 그 자리에 있던 모든 친구가 그 친구의 생각과 같은 것은 아니다.

대부분의 아이들은 자기 일이 아니면 조심스러워서, 참견하길 꺼린다. 그러니, 기죽지 말고 당당하게 맞서도 된다고 알려 주자.

5. 간단한 '대응 문장' 연습

"왜? 내가 왜 빠져야 해? 네 마음대로 그렇게 말하니까 진짜 속상하다."

"나도 같이하고 싶은데, 넌 왜 내가 빠졌으면 좋겠어? 너라면 속상하지 않겠어?"

아이가 자신을 지킬 수 있는 간단하고 단단한 말을 함께 준비해 보자.

'그 누구도 나를 함부로 대할 권리는 없다.'

많이 들어 봤을 것이다. 이건 우리 아이들이 꼭 알아야 할 인생의 문장이다.

때로는, "너 정말 나쁘다."라고 말하는 용기도 필요하다.

'나는 소중해. 누가 날 함부로 대한다면, 일단 나는 내가 지킨다!'

그다음이 부모의 몫, 아닐까?

친구들 서열에서 밀리는 아이

"친구들이 날 무시하는 것 같아요."

희강이는 축구를 좋아한다.

오늘도 학원 가기 전에 잠깐 친구들과 축구를 하기로 했다. 운 좋게 7명의 친구가 모두 모였다. 팀을 어떻게 나눌까, 이야기하던 중, 재안이가 갑자기 외쳤다.

"야, 그냥 이렇게 해! 희강! 넌 잠깐 대기해."

누구도 재안이의 말에 반대하지 않았다.

희강이도 억울했지만, 말하지 못했다. 재안이 말은 곧 친구들 사이 '룰'이었기 때문이다.

결국, 재안이와 친구들은 경기를 시작했다. 희강이는

구경이라도 하면서 먹으려고, 과자를 하나 사 왔다.

그때, 그 모습을 본 재안이가 소리쳤다.

"야, 혼자 먹냐?"

희강이는 당황했지만 웃으며 말했다.

"그럼, '주세요' 해 봐. 줄게."

그러자 재안이는 과장된 몸짓으로 외쳤다.

"희강님! 제발 주세요!"

그 말 한마디에 과자는 이미 재안이의 손에 들어가 있었다. 친구들은 웃었고, 과자는 모두의 것이 되었다.

희강이는 그 상황이 억울했지만, 아무렇지 않은 듯, 웃으며 말했다.

"잘 먹어라! 난 간다!"

아이 마음 들여다보기

희강이는 자기가 무시당하고 있다는 걸 안다. 하지만 그 무리에 섞이기 위해 참고 견디고 있다.

아이들은 친구들 사이의 서열을 본능적으로 파악한다. 몰라서 당하고 있는 것이 아니다. 희강이처럼 서열의 끝에 있는 아이들은, 늘 눈치를 보고, 상처 입지 않기 위해 애쓰고 노력한다. 때로는 웃음으로 넘기고, 때로는 모르는 척하기도 하면서……

하지만 그건 용기 없는 행동이 아니라, 또래 집단 안에서 내 자존심을 지키기 위한 생존 전략이다.

어떻게 도울 수 있을까?

1. 아이의 자존심 지켜 주기

아이들은 친구 관계 안에서 벌어지는 일들을 모르는 게 아니다.

남자아이들 서열 문제는 부모가 과도하게 개입하면 오히려 더 상처일 수 있다.

그 안에서 자기를 지키려 애쓰고 있는 아이의 자존심을 지켜 주자. 아이도 부모에게도 들키고 싶지 않은 순간이 있다는 것을 명심해야 한다.

2. 기다리기

아이가 서열 문제에서 "괜찮아."라고 말할 땐, 아직 스스로 견디고 싶은 상황일 수 있다. 그럴 땐 성급하게 나서지 말고, 옆에서 조용히 지켜봐 주자.

단, 아이가 "힘들어. 어떻게 하지?"라고 말하는 순간엔, 널 위해 무엇이든 할 수 있는 엄마와 아빠라는 확실한 신호를 주자.

3. '즐거움'보다 '존중'의 가치가 더 중요하다

일상 속 대화에서 자연스럽게 이러한 가치관이 스며들도록 해 주자. 존중이 없는 관계는 결국 무너진다는 사실을 부모의 경험담으로 이야기해 주는 것이 효과적이다. 내가 겪었던 친구 이야기를 허심탄회하게 해 보자.

"아빠 어렸을 때, 싸움 잘했던 친구가 있었는데, 아빠가 한 번은 화가 나서 걔를 같이 때려 버린 적이 있어. 그 뒤에 어떻게 됐는지 알아?"

이렇게 아이가 '아빠도 나처럼 친구 때문에 힘들었었구나.'하며, 공감대를 형성하면 마음을 터놓고 대화하는 사이가 될 수 있다.

4. '혼자인 시간'을 두려워할 필요 없다

모든 사람이 무리에 속해야 하는 건 아니다. 관계에 지쳤다면, 잠시 혼자여도 괜찮다는 걸 알려 주자.

그 시간이 오히려 마음을 회복하는 시간이 될 수 있다. 진짜 나에게 소중한 사람들에게 집중하고, 나를 위한 일을 해 보는 거다.

'맛있는 음식 해 먹기, 좋아하는 영화 보기, 가족들과 쇼핑가기, 가족들과 여행 다니기.'

세상엔 즐거운 일이 너무 많다.

친구 관계에서 가장 지켜야 할 건 서열이 아니라 존중이다. 모두가 한 방향으로 줄을 서서 걸어갈 때, 한 걸음 멈춰서 쉴 줄 아는 사람이 가장 강한 사람일지도 모른다.

절교를 무기 삼는 친구 앞에 눈치 보는 아이
"또 안 논다고 하면 어떻게 해요?"

복도에서 예서와 현진이가 이야기를 나누고 있었다.

"야! 이제 너랑 절교야. 넌 사과할 생각도 없지?"

현진이가 이야기했다. 현진이 옆에 있던 지은이도 예서를 째려봤다.

"왜 그래……?"

예서는 울먹이며 물었지만, 현진이와 지은이는 무시하고 자리를 떠났다.

'또 절교구나…….'

사실 현진이의 절교 선언은 이번이 처음이 아니다.

한 번은 화장실에 있는 현진이를 먼저 두고 가 버렸다고 절교당했고, 그다음엔, 지은이의 연락을 무시했다고 절교당했다.

며칠 후, 지은이로부터 연락이 왔다.

[야! 너 진짜 현진이한테 사과 안 해? 우리랑 진짜 절교하게? 빨리 사과해~!]

[응… 현진이가 왜 화난 거야? 알려 줘~ 사과할게!!]

[너 피구할 때 현진이한테 공! 세게 던진 거 기억 안 나? 빨리 사과해~]

[아 그래~? 진짜 몰랐어… 내일 사과할게…]

이번에도 예서는 사과했고, 그렇게 다시 셋은 아무 일 없었다는 듯 친구가 되었다.

하지만 예서는 마음이 계속 불편하다.

'현진이와 지은이가 또 화나면 어쩌지?'

예서는 친구들과 함께 있는 시간이 좋으면서도, 항상 긴장된다.

아이 마음 들여다보기

절교를 반복하는 친구와의 관계는 어른이 직장에서 어려운 상사를 대하는 것보다 더 긴장하게 만든다.

예서처럼 반복적으로 친구의 감정에 휘둘리게 되면, '나 때문인가?'라는 죄책감과 '또 절교하면 어떡하지?'라는 불안감이 쌓이게 된다.

이런 관계는 결국 아이 스스로 자존감을 갉아먹을 수밖에 없다.

예서와 같은 상황에 놓인 아이들이 계속 참으며 관계를 유지하려는 이유는 사실, 그 친구를 좋아해서가 아니라 죄책감과 불안함에 길들여지고 있는 것이다.

어떻게 도울 수 있을까?

1. 절교는 관계를 흔드는 폭력이다

절교를 무기처럼 사용하는 친구의 행동은 감정 폭력이다.

친구 관계를 위해 혼자 노력하는 것은, 결국 그 관계를 지키기 위한 행동이 아니라 관계에 끌려다니는 행동이라는 걸 알려 주자. 관계를 유지하기 위해 혼자 노력할 필요 없다고, 그럴만한 가치가 없는 관계라고 말해 주자.

2. 무조건적인 사과는 스스로에 대한 폭력이다

상대가 화났다는 이유만으로 무조건 사과하는 건, '항상 난 잘못하는 사람이구나.'라는 무력감을 줄 수 있다.

또한, 내가 잘못하지 않았는데도 기분이 상한 친구를 위해 '억지 사과'를 반복하다 보면, 결국 나도 내 감정을 무시하게 된다.

아이의 행동이 정말 사과할 일이었는지 부모가 함께 점검해 줄 필요가 있다.

3. 외로움에 휘둘리지 않는 힘이 필요하다

친구 관계로 상처받는 아이들에게 가장 필요한 건 '혼자여도 괜찮아.'라는 경험이다. 가족과 함께하는 시간, 좋아하는 활동을 하면서 스스로 안정감을 찾도록 도와주자.

이것은 친구 관계에서 겪을 수 있는, 거의 모든 문제를 해결해 줄 수 있는 제일 강력한 해결 방법이다.

♥

사과는 내가 스스로 전하는 미안한 마음이지, 관계 안의 생존 수단이 되어선 안 된다.

"내가 아무리 잘해도, 아무리 노력해도, 바꿀 수 없는 사람이 있어. 그건 너의 노력이 부족해서가 아니야, 물론 너의 잘못도 아니야. 그냥 그런 거야."

가까웠던 친구에게서 따돌림당한 아이

"왜 이제 나랑 안 노는지 알고 싶어요."

은서와 지영이는 3학년 때부터 단짝이었다. 5학년이 되면서, 채은이와도 친해져서 셋은 늘 붙어 다녔다.

그런데 어느 날부터, 분위기가 이상해졌다. 지영이와 채은이 둘만 이야기하고, 은서가 가까이 다가가면 갑자기 조용히 아무 말도 안 하는 것이다.

'무슨 일이지? 내가 뭘 잘못했나?'

은서는 계속 머릿속을 되짚어 봤지만, 이유를 찾을 수 없었다.

영어 수업이 있는 날, 지영이와 채은이는 팔짱을 끼고

먼저 나가 버렸다. 은서는 혼자 천천히 뒤따라가며 눈물이 고였다. 둘이 깔깔깔 웃으며 뒤를 흘끗 쳐다보고 고개를 돌릴 때, 은서의 마음은 철렁 내려앉았다.

그날 밤, 은서는 지영이에게 메시지를 보냈다.

[지영아, 혹시 나한테 화났어?]

[아니?]

[근데… 왜 그래?]

[우리가 꼭 너랑 같이 놀아 줘야 해?]

그 문자를 읽고 나서, 은서는 답장을 하지 못했다. 핸드폰을 꼭 쥔 채로, 조용히 눈물만 흘렸다.

아이 마음 들여다보기

아이들이 관계 속에서 가장 혼란스러운 순간은 이유를 알 수 없을 때다. 갈등이 생겼다면 대화라도 할 텐데, 아무런 예고도 없이 외면당할 때, 아이들의 마음엔 '내가 도대체 뭘 잘못한 걸까?'라는 깊은 불안이 들어선다.

이렇게 이유 없는 단절을 겪으면, 그 아이에게 세상은

갑자기 예측할 수 없는 위험한 곳처럼 느껴지고, 내가 알 수 없는 곳에서 나에 관한 거짓된 이야기들이 퍼질 것 같은 공포감마저 들기도 한다.

은서가 지금 친구에게 집착하는 이유는, 친구를 정말 좋아해서가 아니라, 왜 그런지 이유를 알고 싶은 간절함 때문이다. 그 이유를 알기 전까진, 본인도 스스로를 용서해도 되는지, 확신이 없기 때문이다.

어떻게 도울 수 있을까?

1. 이유 없는 단절은, 폭력이다

침묵으로 상처를 주는 건 믿어 준 사람에 대한 가장 잔인한 배신이다.

이런 잔인한 폭력을 당한 우리 아이가 그 폭력에 혼자서 버티지 않아도 된다는 것을 알게 해 줘야 한다.

2. "왜?"라는 질문 대신, "그럴 수 있어."

"왜?"라는 질문은 이유가 있을 때만 답할 수 있다. 따돌림의 이유라는 건 대부분 핑계일 뿐이다. 따돌리기 위한 적당한 구실. 그것에 대해 고민할 가치도 없다.

"갑자기 그런 일이 생겨서 많이 놀랐겠다. 그럴 수 있어. 그런 사람들이 있어." 이런 말이 아이의 상처를 덜 외롭게 만든다.

3. 잘못을 찾는 버릇에서 벗어나야 한다

은서와 같은 일을 당한 아이들은 본능적으로, 버림받은 이유를 자기 안에서 찾기 시작한다. 그래야 다음엔 안 당할 수 있다고 믿기 때문이다.

하지만, 이유 없이 끝내는 관계는, 잘못이 있을 리 없고, 노력으로도 지킬 수 없다는 걸 알아야 한다.

4. 친구는 '취향'이지, '의무'가 아니다

친구가 갑자기 멀어진 건 내 탓이 아니다. 좋아하는 사람이 바뀐 건, 그 친구의 선택일 뿐이다.

"그 애들이 지금은 그냥 둘이 노는 게 더 좋은 거야. 그게 너에게 상처가 된다는 것쯤은, 그 아이들도 알고 있겠지. 그다음은 너의 선택이야."라고 말해 주자.

♥

이유를 알 수 없을 땐, 내 잘못이 아니라는 뜻이다.

침묵으로 주는 상처는, 내가 받을 필요도 없고, 받아서도

안 된다.

'나'만 무시하는 친구 때문에 기죽는 아이
"걔는 왜 나한테만 무례할까요?"

지안이는 친구들과 자전거를 타며 잡는 놀이인, '자전거 술래잡기'를 하고 있다. 항상 그렇듯이 지안이는 오늘도 술래다. 이 친구들과 놀 때는 항상 지안이만 술래를 한다.

"야! 네가 술래야! 네가 제일 늦게 왔잖아! 얘들아! 지안이가 술래야! 도망쳐!"

승욱이가 소리치고, 아이들은 웃으며 달아난다.

'나 술래하기 싫은데…….'

지안이는 마음속의 그 말을 꾹 삼켰다.

이번엔 미끄럼틀에서 '지탈놀이'가 시작됐다.

"야! 이지안! 너는 이 선 밖으로 나오지 마! 네가 여기 지키는 거야! 나오면 안 돼!" 또 승욱이다.

지안이는 고개를 끄덕였다.

'나도 뛰고 싶은데…….'

이번에도 지안이는 그 마음을 꾹 눌렀다. 친구들과 노는 게 좋으니까, 승욱이의 이런 무시는 참아 내야 한다고 생각했다.

지안이의 이런 마음은 모른 채, 친구들은 모두 신나게 웃으며 놀고 있다.

아이 마음 들여다보기

지안이는 지금, '나만 왜 이렇게 대하지?'라는 생각을 반복하고 있다. 하지만 '친구들이랑 놀려면, 이 정도는 참아야 해.'라며 속상한 마음을 애써 누른다.

이런 식의 자기 타협은 스스로를 '소중하지 않은 존재'로 인식하게 만든다. 자기감정을 포기하고 불편함을 말하지 못한 채, 친구가 만든 규칙에 맞춰 행동하는 것을 당연하게 받아들이게 되는 것이다.

문제는 이런 경험이 쌓이면, 다른 관계에서도 반복될 수 있다는 점이다. '내가 행복한 관계'보다 '상대가 원하는 나의 모습'을 우선시하는 사람으로 살아가게 될 수도 있다.

어떻게 도울 수 있을까?

1. '친구'라는 말의 힘

아이들이 친구라는 존재에 집착하는 이유는 뭘까?

'친구가 없는 아이는 이상한 아이'라는 사회적 시선도 한몫하지 않을까? 그래서 아이는 함부로 대하는 친구에게도, '그래도 친구니까.' 하며 매달리는 건 아닐까…….

친구는 절대적인 가치가 아니다. 함께 있어 좋아야 '친구'다. 무례를 참고 유지해야 하는 관계는 친구가 아니다.

2. "왜 너만 술래를 해야 해?"

아이의 행동을 직접 바꾸기 어렵다면, 그 상황을 스스로 이상하다고 느끼게 도와주자.

"왜 너만 술래하지?"

"왜 승욱이 마음대로 규칙을 만들지?"

이런 질문은, 아이가 '그건 이상한 일이야.'라는 생각을 시작할 수 있게 해 준다.

3. 말로 대응하기 어렵다면, 침묵과 거리 두기

부당한 상황에 즉각 대응하긴 어려울 수 있다. 그럴 땐 눈빛으로 항의하거나, 그 자리를 떠나는 것부터 시작해도 충분하다.

"하지 마!" 그 한마디가 어려운 여린 아이들에게는 그냥 그 자리를 피하는 것도 훌륭한 자기 보호 행동이다.

4. 즐거움은 무례를 참아 낸 보상이 아니다

지안이는 지금 친구들이랑 노는 게 재미있어서, 승욱이의 무례를 견디고 있다. 하지만 재미는 존중 위에 있을 수 없는 가치다.

함께해서 즐거울 수 있는 시간은, 서로를 존중할 때 가능하다는 것을 알아야 한다.

놀이가 끝나고 나면, 아이가 느낀 감정을 말로 풀어 내도록 해 보자. 즐거웠던 일과 불편했던 순간을 각각 따로 표현하는 시간을 가지며, 그 두 감정은 서로 관련이 없다는 것을 알아야 한다.

불편한 감정을 참아 내서 그 보상으로 즐거울 수 있었던 것이 아니다. 불편한 감정이 없다면, 더 즐거울 수 있다는 것을 스스로 깨닫게 해 주자.

누군가가 너를 계속 속상하게 한다면, 그 사람은 '친구'가 아니야.
그 사람은 그냥, 네가 참아 내고 있는 사람일 뿐이야.
네가 참지 않으면, 그 사람은 너에게 아무것도 아니야.

친구를 도와줬는데, 배신당해 괴로운 아이

"도와줬는데 왜 나한테 못되게 굴까요?"

하담이가 우주에게 함부로 말하고 무시하는 모습을 보고, 현지는 우주가 조금 안쓰러웠다.

그래서 어느 날, 우주에게 용기 내어 다가갔다.

"우주야, 나랑 같이 놀래?" 그날 이후, 둘은 가까운 친구가 되었다.

하지만 요즘, 뭔가 이상하다.

"넌 왜 맨날 너 생각만 해?"

"내가 힘든 거 알면서, 아까 다른 친구들이랑 웃으면서 놀더라?"

우주는 매일 현지에게 기대고, 자신의 기분을 챙겨 달

라고 요구했다. 현지는 점점 힘들어졌다.

'우주가 오늘은 기분이 어떨까, 혹시 내가 다른 친구와 있는 걸 봤으면 어쩌지?'

혼자서 계속 신경 쓰고, 우주 눈치를 봤다.

그러던 어느 날, 우주는 갑자기 하담이와 부쩍 친해지기 시작했다. 그리고 그 둘은 교실에서 대놓고 현지를 험담하고 다녔다.

"걔는 자기 생각만 해. 진짜 이기적이야."

하담이와 함께 키득거리는 우주를 보며, 현지는 생각했다.

'어디서부터 잘못된 걸까……?'

아이 마음 들여다보기

누군가는 따뜻한 도움에 고마움을 느끼고 친구가 되지만, 누군가는 그 도움을 당연하게 여기고 점점 더 많은 것을 요구한다.

현지는 착하고 따뜻한 아이다. 누군가 힘들어 보이면,

그 감정을 외면할 수 없다. 우주에게 먼저 다가간 것도, 그런 마음 때문일 것이다.

하지만 도움을 주고 싶다고 해서, 그 사람의 짐을 대신 짊어질 필요가 없다는 것을 몰랐다.

현지와 같은 일을 경험한 아이들은 '내 마음이 진심이면 좋은 친구가 될 수 있을 거야.'라는 믿음과 '나의 진심이 또 상처받으면 어쩌지.'라는 두려움 사이에서 혼란을 겪게 된다.

어떻게 도울 수 있을까?

1. 자책하지 않도록 도와주자

현지는 상처받은 친구를 도와주고 싶었다. 그 마음 자체는 아주 따뜻하고 건강한 것이다.

그런데 이런 상황에 놓이게 되면, '내가 잘못한 걸까?' '내가 너무 나섰나?' 하며 자책할 수 있다. 그 마음은 아이의 따뜻함에서 비롯된 것이기에, 자책하지 않도록 부모가 알아주고 지지해 주어야 한다.

2. 나쁜 사람은 '나쁜 사람'이라고 말해도 된다

우주가 보여 준 행동은 상처받은 사람의 모습이 아니라, 타인의 배려를 이용하는 사람의 모습이다. 누군가가 나를 향해 일방적인 기대를 하거나, 감정적 요구를 하며 괴롭게 한다면, 그것 또한 '괴롭힘'이라는 것을 분명히 알려 주자.

착하고 정의로운 아이일수록, 이 경계를 구분하기 어려워한다.

3. 너의 선택이 틀린 게 아니야

현지의 선택은 잘못된 선택이 아니었다. 다만, 상대가 그 선의를 이용했을 뿐이다.

"나는 착한 마음으로 도왔어. 그리고 그 마음은 여전히 나에게 남아 있어. 나의 잘못이 아니야."라고 스스로 말할 수 있도록 부모가 먼저 다독여 주자.

4. 혹시 모를 상황을 대비해, 증거를 남겨 두자

감정적으로 집착하는 친구일수록, 관계가 틀어졌을 때

'피해자 코스프레'를 하며 학교폭력으로 문제를 키우는 경우가 있다.

혹시, 문자나 SNS로 무리한 요구가 반복되었다면 캡처해 두는 것이 좋다. 아이가 힘들어, 상담이 진행되었다면 상담 기록도 남겨 두자.

슬프지만, 대비는 해 두는 것이 좋다.

착한 마음은 반성의 대상이 아니다. 그 마음을 이용하는 사람이 나쁜 거다.
넌 착하고 정의로웠으니, 후회도 반성도 할 필요 없다. 그저 믿었던 사람에게 배신당한 슬픈 마음까지가 너의 몫이다.

거짓말하는 친구 때문에 억울한 아이

"걔 때문에 나만 나쁜 애가 돼요."

이준이와 거준이는 같은 반 친구다.

거준이를 처음 만났을 땐, 참 착한 친구처럼 보였다. 친구들에게 양보도 잘하고, 웃으면서 친절하게 말하는 말투가 국어책에 나오는 사람 같았다. 하지만 시간이 흐를수록, 이준이는 거준이와 같이 있으면 억울하고 찜찜한 기분이 든다.

쉬는 시간, 거준이와 장난을 치고 있을 때였다. 거준이가 먼저 때리는 시늉을 하며 장난스럽게 웃길래, 이준이도 똑같이 따라 해 봤다. 그러자 갑자기 거준이가 큰소리를 질렀다.

"이준아! 너 왜 그래! 나 아프단 말이야!"

그 말을 들은 친구들은 모두 이준이를 놀란 눈으로 쳐다봤다. 이준이는 마치 혼자 나쁜 사람이 된 것 같은 기분이 들었다.

또 한 번은, 거준이가 친구들 앞에서 말했다.

"얘들아, 이준이가 아까 급식실에서 새치기했어!"

이준이는 어이없었다. 자기는 새치기한 적이 없기 때문이다.

하지만 아무도 이준이의 말에 귀 기울여 주지 않았다. 거준이가 아무렇지 않게 웃으며 이야기했기 때문에 진지하게 반박할 분위기도 아니었다. 이준이는 억울했지만, 마음을 꾹 눌러 삼켰다.

'왜 자꾸 나만 나쁜 애가 되는 거지? 나한테 왜 저러는 거야?'

아이 마음 들여다보기

이준이는 지금 자기감정을 설명하기 어려운 혼란 속에 있다.

겉으로는 다정한 친구가, 나를 골탕 먹이는, 그 이중성을 어린아이가 감당하기란 쉽지 않다.

이준이처럼 거짓된 말과 행동에 반복적으로 노출되는 아이는 현실 감각이 흐려지고, 억울함이 쌓이게 되면서, 신뢰라는 중요한 가치가 흔들리게 된다.

어른들 눈에는 사소한 일 같지만, 아이에게는 작은 진실이라도 쉽게 왜곡되는 세상을 믿을 수 없게 되고, 친구들이 무섭고, 스스로도 왜 이런 일이 생기는지 혼란스러워지게 된다.

거짓말이라는 눈에 보이지 않는 폭력이, 아이의 자존감과 판단력을 뒤흔들고 있다.

어떻게 도울 수 있을까?

1. 거짓말에 대한 상처를 어른의 눈으로 판단해선 안 된다

"그 정도는 그냥 넘어가. 별거 아니네."라는 말은, 오히려 아이의 상처와 억울함을 더 크게 만든다. 거짓말은 크고 작음의 문제가 아니다. 작은 거짓일수록 더 쉽게, 더 자주 반복되어 당하는 사람은 매우 괴롭다.

"나쁜 거짓말을 계속하다니! 우리 같이 대책을 마련해야겠다! 작은 일처럼 보여도 이건 큰일이야. 당하는 사람은 얼마나 속상한 일인지 엄마도 너무 잘 알아." 이렇게 말해 주는 부모가 아이를 억울함의 늪에서 일단 꺼내 줄 수 있다.

2. '현실 감각' 지켜 주기

친구의 거짓말이 반복되면, 당하는 아이는 '내가 그랬을 수도 있지.' 하며 적당히 타협하고 싶은 마음이 생기기도 한다.

그게 사실이 아님을 알면서도, 다툼을 피하고 괴롭힘이 끝나길 바라는 희망으로 그냥 넘어가고 싶어지는 것이다.

그럴 때 든든한 어른이 옆에서 말해 줘야 한다.

"그건 사실이 아니야. 네가 맞아. 거짓에 타협할 필요 없어."

3. 당당하게 반박하기

친구들 앞에서 진지하게 반박하는 것을 민망해하는 아이들이 보통 이런 거짓말에 많이 당한다.

"그거 아니잖아. 네가 먼저 그랬잖아. 그거 거짓말이잖아."

이 한마디를 말할 수 있도록, 가정에서 연습해 보자. 나를 지키는 건 민망한 일이 아니라, 당연히 해야 하는 일이다.

4. 거짓말의 바탕엔 자존감 문제가 있다

거준이와 같이 거짓말을 반복하는 아이는 자존감이 낮아, 오히려 이준이가 가진 장점을 질투하고 있을 확률이 높다. 그래서 거짓으로라도 이준이를 끌어 내려, 자신의 낮은 자존감을 회복하고 싶어 하는 것이다.

이런 상대의 심리를 이해하면, 지금 겪는 문제의 원인을 내 안에서 찾지 않아도 된다. 그것 자체로 아이는 억울한 거짓말의 세상에서 벗어날 수 있다.

♥

진실을 말하는 사람보다, 거짓말을 잘하는 사람이 유리해 보일 때가 있다.

하지만 잊지 말자.

진실은 시간이 걸려도 결국 드러나고, 스스로를 믿는 사람은 쉽게 무너지지 않는다.

친구의 심한 장난도 꾹 참는 아이

"불편하지만 장난이니까 참아요."

서운이는 요즘 조금씩, 민순이를 대하기가 힘들다. 민순이와 마음이 잘 맞고, 친한 친구라는 건 변함이 없다. 그런데 왜 서운이는 요즘 민순이가 힘든 걸까?

민순이는 항상 장난처럼 웃으며 말을 건다. 하지만 그 모든 말엔 손이 따라온다.

"야, 너 뭐해?" 말하면서 서운이의 등을 툭 때린다.

"여기 내 자리잖아. 비켜!" 하면서 가슴을 때리고, 심지어 웃으면서 서운이의 머리를 톡톡 치기도 한다.

서운이는 민순이가 때릴 때마다 웃으려 애쓴다.

'장난이니까 괜찮아……. 나도 민순이한테 장난 많이

치는걸. 뭐······.'

"그만 좀 때려. 아파."라고 말하며 막아 봤지만, 민순이는 "에이! 그럼 도망쳐! 안 그러면 더 때린다!" 하며 웃었다.

어느 날, 체육 시간.

서운이는 다른 친구들과 웃으며 춤을 추고 놀았다는 이유로 민순이에게 뒤통수를 맞았다. 순간 눈물이 났다. 아파서인지, 당황해서인지 모를 눈물이었다. 눈물을 얼른 감춘 서운이는 "야! 무슨 천하장사 코끼리냐? 그만 좀 때려!" 하며 애써 장난으로 넘겼다.

그 말을 들은 민순이는 "이게!" 하며 서운이의 등을 또 마구 때리기 시작했다.

아이 마음 들여다보기

서운이처럼 선을 넘은 장난에 불편함을 느끼는 아이들이 그 자리에서 바로 거절하지 못하는 이유는 친구가 나쁜 감정 없이 하는 행동이라고 생각하기 때문이다. 그래서 자기도 비슷한 수준의 장난으로 대응하며 잘 넘겨 보려 애쓴다. 하지만 그 안에는 '그만했으면 좋겠다.'라는 감정이 계속 쌓여 가고 있다.

툭툭 치는 친구는 모른다. 자기 행동이 누군가에겐 얼마나 불쾌한 감정으로 남는지……. 장난이니까, 나쁜 의도가 아니니까, 괜찮을 거라고 착각한다.

이럴 때는 서로의 관계 재배치가 필요하다. '재미있으려고 하는 거니까 괜찮겠지.'라는 착각을 걷어 내고, '의도와 상관없이 기분 나쁠 수 있다.'라는 경계를 분명히 세워야 한다.

어떻게 도울 수 있을까?

1. 감정이 상했다면 표현해야 한다

친구의 툭툭 치는 행동이 장난처럼 보여도, 내 마음이 불편하다면 그 감정을 무시해서는 안 된다. 아이가 느끼는 불쾌함을 그냥 넘기지 않고, 그 자리에서 작은 표현이라도 할 수 있도록 이야기해 주자.

2. 때론 의도보다, 결과가 중요하다

친구가 일부러 그런 게 아니더라도, 내 감정이 상했다면 그건 충분히 말할 수 있는 일이다.

"그 친구는 나쁘게 하려던 게 아닌 것 같아."라고 넘기기보단, "그래도 너는 속상했겠다. 친구에게 사과하라고 말해도 돼. 널 속상하게 하려는 의도는 아니었더라도, 그 행동은 너에게 잘못한 게 맞으니까."라고 말해 주자.

3. 부드럽고 단호한 거절

비슷한 장난으로 대응하면 서로 감정만 엇갈릴 수 있다. 민순이와 같은 친구는 함께 즐거운 줄로 오해하고, 나중에 시간이 지난 후에 서운이가 화를 내면 "너도 나한테 장난쳤잖아!"라며 되려 서운해할 수 있다.

그래서 처음부터 부드럽지만 단호하게 경계를 그을 수 있도록 도와줘야 한다.

"그만해."라고 해도 괜찮다는걸, 아이에게 알려 주자. 그 분위기를 망친 건, 나의 거절이 아니라 그 친구의 선 넘은 장난이다.

4. 표현을 안 하면 모를 수 있다

'이 정도는 괜찮겠지?' 하고 행동하는 친구들은 꼭 나빠서가 아니라, 상대가 불편하다는 걸 말해 주지 않아, 몰라서 계속 그러는 경우도 있다.

작은 표현이 곧 나를 지키는 첫걸음이라는 걸 아이도 알아야 한다.

심한 장난도 무례가 될 수 있다. 상대의 의도보다, 나의 감정을 먼저 지켜 줘야 하는 순간도 있는 것이다.

"그만해!"라는 말은 친구와 멀어지게 하는 말이 아니라, 오래 함께하기 위한 용기의 말이다.

3교시

우리 아이,
마음이
궁금해요

3교시를 시작하며

내 아이의 마음을 들여다본다는 것은, 때론 부모에게 가장 마음 아픈 일이 되기도 한다.

'혹시 내가 잘못 키운 건 아닐까, 내 탓이야…….'

아이의 어두운 마음을 알게 되면, 부모는 이렇게 먼저 자신을 탓해 버린다.

하지만 나는 이 장을 읽는 모든 부모에게 말하고 싶다.

이 책을 펼치고, 아이를 이해하려고 노력하는 당신은 이미 충분히 훌륭한 부모라고……. 죄책감 따위 우주로 날려 버리라고…….

아이의 타고난 기질과 살아가는 환경, 성장 과정은 당연히 모두 다르다.

어떤 아이는 타고난 기질 때문에 더 예민하고, 어떤 아이는 주변 환경 덕분에 철이 빨리 들기도 한다. 그래서 아이마다 필요한 도움과 정서적 문제에 대한 접근 방식은 다를 수밖에 없다.

그러니 부모도 그 과정에서 방황하고, 때로는 지치고, 실수도 하는 것이 당연한 거 아니겠는가.

아이들의 마음속에는, 아무리 사랑을 퍼부어도 사랑이 닿지 못하는 자리도 있고, 한없이 약해 보이지만 강력한 힘을 숨기고 있는 자리도 있다.

그 모든 자리를 부모가 다 알 수도 없고, 다 알아야 할 필요도 없다. 다만 아이의 마음 옆에 멈춰 서서, 아이가 나아가고 있는 삶의 방향을 함께 바라봐 준다면 그걸로 충분하지 않을까?

이 글이, 부모의 앞서가는 걸음을 멈추고 아이의 마음 옆에 서게 할 용기와 아이 삶을 함께 바라볼 수 있는 여유를 선물할 수 있길 바랄 뿐이다.

사소한 거짓말을 반복하는 아이

"약한 척하면 관심받을 수 있잖아요."

가준이의 집에는 정해진 규칙이 많다. 핸드폰을 쓸 수 있는 시간, 숙제하는 시간, 씻는 시간, 자러 들어가는 시간이 모두 정해져 있다.

"우린 너를 누구보다 사랑해. 네가 속상하면 우리도 속상해. 네가 여리고 착해서 항상 걱정이야."

부모님은 그렇게 자신들이 엄격하면서도 따뜻하게 가준이를 잘 키우고 있다고 믿었다.

하지만 가준이에겐 남들에게 말하지 못할 비밀이 있다. 숙제를 안 해 놓고 다 했다고 말하거나, 학원에 안 가 놓고 다녀왔다고 말하는 것처럼, 금세 들통날 작은 거짓말들을 한다는 것이었다.

'저렇게 금방 들킬 거짓말을 왜 할까? 바보 같이 순진하긴…….'

엄마 아빠는 가준이가 거짓말을 할 때마다 엄하게 혼내면서도, 속으로는 이상하게 그런 가준이가 짠했다.

하지만 부모님은 중요한 사실을 모르고 있다. 가준이가 진짜 숨기고 있는 건 따로 있다는 걸…….

사실 가준이는 친구들 앞에서도, 집에서도 더 많은 거짓말을 한다. 가준이가 먼저 친구를 때려 놓고, 이유 없이 친구에게 맞았다고 거짓말을 한다. 가준이가 먼저 장난을 심하게 쳐 놓고 혼날까 봐, 억울한 피해자인 척 먼저 울어 버린다.

그런 거짓말이 성공할 때마다, 엄마 아빠는 가준이를 위로해 주며 안아 주었다.

"우리 가준이, 얼마나 속상했어."

그 말에 가준이는 순간 마음이 따뜻해지면서, 동시에

학습되었다.

'내가 울면, 거짓말을 하면, 엄마 아빠는 나를 더 사랑해 주는구나!'

아이 마음 들여다보기

〈가준이의 속마음〉

우리 아빠는 아주 무섭다. 그래서 난 뭐든지 딱딱 규칙대로 움직여야 했다.

규칙을 안 지켰을 때, 숙제를 빼먹었을 때, 핸드폰을 몰래 했을 때, 엄마 아빠의 얼굴이 굳어지는 순간, 숨이 막혔다. 혼날 때마다, 엄마 아빠가 날 싫어할까 봐 두려웠다. 그런데 어느 날, 문득 생각해 보니 나쁜 일만은 아니었다.

내가 원하는 시간을 마음껏 보내고 무섭게 혼나고 나면, 엄마 아빠는 꼭 나를 안아 주었다. 맛있는 것도 함께 먹고, 나와 오래오래 이야기도 나누었다.

"다시는 그러지 마. 우리 가준이는 착하잖아."

그 따뜻한 순간이 너무 좋았다. 무섭던 마음은 눈 녹듯

사라졌고, 안겨 있는 그 시간이 행복했다.

그래서 어느 날부터 나는 작은 거짓말을 하기 시작했다. 들키면 혼나지만, 혼난 뒤에는 더 따뜻한 엄마와의 시간이 나를 기다리고 있으니까.

그때 알았다.

'혼나고, 울고, 약해 보이면, 나는 보호받고 사랑받을 수 있구나.'

그 뒤로는 친구들 이야기도 조금 바꿔서 했다. 사실은 내가 먼저 장난을 쳤는데 맞았다고 말하고, 사실은 내가 먼저 심술을 부렸는데 괴롭힘당했다고 말했다. 역시 엄마 아빠는 그 이야기를 듣고 엄청 화를 내며 나를 감싸 주었다.

"우리 가준이, 얼마나 힘들었어."

그 말은 너무 달콤했다.

나는 알았다. 강한 모습보다 약한 척, 잘못한 모습보다 억울한 척을 하면, 엄마 아빠는 나를 더 사랑해 준다는 걸……

그렇게 나는 점점, 피해자인 척하는 게 쉬워졌다.

여린 척, 약한 척, 속상한 척······. 그렇게 하면 난 언제나 사랑받을 수 있다.

어떻게 도울 수 있을까?

1. 사소한 거짓말도 거짓말

"애들이니까 그렇지."라는 말은 아이의 거짓말을 가볍게 만드는 말이다. 사소한 거짓말일수록 바로잡아 줘야 한다. 작은 거짓말은 사랑받기 위한 방식이 될 수 있고, 그 방식은 결국 더 큰 거짓말로 이어진다.

2. '엄함'과 '통제'는 다르다

엄함은 기준을 세워 주는 것이고, 통제는 생각할 힘을 빼앗는 것이다. 무조건적인 통제는 아이가 스스로 선택하고 판단하는 연습의 기회를 주지 않고, 입력과 출력만을 강요하는 것이다.

"왜 그렇게 해야 하는가?" 설명해 주고 그 가르침에 믿음을 심어 주는 것. 그것이 우리가 하고자 하는 진짜 '엄함'이다.

3. 엄한 훈육 뒤에 오는 보상은 역효과

혼낸 뒤 위로해 주는 것은 부모의 죄책감을 더는 수단일지도 모른다.

하지만 아이는 오히려 '혼나고 나면 더 사랑받는다.'라는 왜곡된 학습을 하게 된다. 훈육과 보상을 연결하지 말고, 따로 분리해야 한다.

훈육은 잘못을 바로잡는 과정이고, 사랑은 항상 우리 삶에 흘러야 하는 것이다.

4. 자녀를 설계하지 말라

아이를 내가 설계한 대로 맞추려 하면, 결국 아이는 거짓말을 해서라도 그 기대에 부응하려 한다. 아이의 문제를 객관적으로 보지 못하고, 여리고 순진해서 뻔히 들킬 거짓말을 하는 아이라는 부모의 설계.

가준이와 같은 아이들이 착한 척, 약한 척, 피해자인 척을 하며 보호받으려 하는 것도 그런 이유다.

진짜 양육은 '내가 원하는 아이'로 키워 내는 것이 아니라 '그 자체로 존중받는 아이'를 키우는 것이다.

♥

아이가 부모의 사랑을 받으려 거짓된 포장을 해야 한다면,
그건 아이의 잘못이 아니다.
부모의 사랑은 아이를 바꾸기 위해서가 아니라, 그대로 품
어 주기 위해 존재한다.

고자질로 문제를 해결하려는 아이

"이 세상에 내 편은 엄마뿐이에요."

엄마는 늘 주현이에게 "엄마가 해결해 줄게. 아무 걱정 하지 마."라고 말한다. 엄마는 역시 그 약속대로 주현이 가 학교에서 무슨 일이 생겼다고 하면, 가장 먼저 달려와 멋지게 해결해 준다.

짝이 마음에 들지 않아 속상했을 때, 엄마는 곧장 선생 님께 전화를 걸어 짝을 바꿔 달라고 했다. 영어 선생님이 무섭다고 했더니, 곧장 교장실을 찾아가 면담을 요청하 기도 했다.

"학교에서 너 괴롭히는 애 없어? 그런 애 있으면 바로 엄마한테 얘기해!"

이렇게 믿음직한 엄마 덕분에 주현이는 학교에서 힘든 일을 참을 필요가 없었다.

친구가 우연히 어깨를 스치기만 해도 "왜 밀어!"라며 소리쳤다. 친구가 자기 말을 받아 주지 않으면 "너 나 싫어하지?" 하며 따졌다. 그래서 주현이는 친구들 사이에서 이미 고자질쟁이로 유명하다.

"선생님, 민수가 제 연필 밟았어요!"

"선생님, 진이가 제 말 무시했어요!"

반 친구들은 그런 주현이를 조금씩 피하기 시작했다.

아이 마음 들여다보기

〈주현이의 속마음〉

나는 우리 엄마가 좋다. 우리 엄마는 멋있다. 엄마는 뭐든 다 해결해 주고, 언제나 나를 지켜 준다.

그런데 엄마는 학교에 있는 사람들을 싫어하는 것 같다. 친구들이 날 힘들게 할까 봐, 선생님이 날 괴롭힐까 봐, 항상 화가 나 있다.

엄마 말을 듣다 보니, 그런 거 같긴 하다. 친구들은 나를 좋아하지 않는 것 같고, 일부러 나를 힘들게 한다. 그래서 나는 조금 슬프고 불안하다. 왜 친구들은 다 이렇게 나쁜 걸까?

선생님께 말해도 선생님은 내 편이 아니다. 역시 엄마 말이 맞았어. 믿을 사람이 없다.

결국 내 편은 엄마뿐이라는 생각이 든다. 역시, 엄마랑 같이 있어야 마음이 편하다. 우리 엄마 최고!

어떻게 도울 수 있을까?

1. 자녀는 나의 분신이 아니다

어떤 부모는 아이를 사랑하는 마음에, 다 막아 주고 다 해결해 주고 싶어 한다.

하지만 아이는 부모의 분신이 아니라, 자기 삶을 스스로 살아가야 할 독립적인 존재다. 부모가 자녀를 분신으로 생각하면, 자녀는 부모의 인생보다 한 걸음도 더 나아가지 못한다. 오히려 부모의 틀 안에 갇혀, 부모보다 못한 삶을 살게 되기도 한다. 아이가 온전히 자기 자신의 힘으로 설 수 있도록 부모와 아이 사이는 적당한 마음의 거리가 필요하다.

2. 부모의 역할은 스스로 살아갈 힘을 키워 주는 것

부모가 나서서 모든 것을 해결해 주면, 아이는 문제 상황을 스스로 이겨 내고 풀어내는 경험을 놓치게 된다. 부모가 모든 일에 개입하면 아이는 작은 일도 스스로 결정하지 못하고, 자기 능력을 믿지 못하게 될 수도 있다.

"내가 대신 해결해 줄게."라는 말 대신 "넌 어떻게 하고 싶어?"라고 물어보는 부모가 되자.

3. 나의 불안은 아이에게 현실이 된다

부모는 걱정하는 마음에 "학교에서 너 괴롭히는 애 없어? 힘든 일 있으면 엄마한테 바로 말해."라고 했을 것이다. 하지만 이런 말은 아이에게 '세상은 위험해, 너 혼자서는 못 이겨 내.'라는 불안을 심어 준다.

부모가 세상을 불안하게 바라볼수록, 아이는 사소한 일도 큰 사건이라고 확대 해석하고 더 많이 힘들어하게 된다. 이렇게 부모의 시선이 아이의 현실을 만든다. 부모가 너그럽고 담대해야, 아이의 세상도 더 담백하고, 더 안전해진다.

4. 믿을 수 있는 용기

학교는 위험한 곳이 아니라, 관계를 배우고 성장하는 공간이다. 그런데 부모가 먼저 "혹시 너 괴롭히는 애 없어?"라고 단정적으로 물으면, 아이는 인간관계를 불신으로 시작하게 된다.

아이가 누군가를 먼저 믿어 볼 수 있는 용기를 가질 수 있도록 도와주자. 불신으로 가득 찬 마음은 누구와도 행복할 수 없다.

5. 억울한 감정에 대한 경험도 필요

모든 부모는 내 아이만은 절대로 억울한 일을 겪지 않길 바란다. 하지만 세상이 언제나 공평한 것은 아니라는 걸, 우린 잘 알고 있지 않은가. 어렸을 때 작은 불편이나 억울함을 한 번도 경험해 보지 못한다면, 나중에 겪을 수

밖에 없는 더 큰 어려움 앞에서 쉽게 무너질 수도 있다.

때로는 조금 억울한 경험을 스스로 이겨 내면서 '아, 이
쯤이야! 별거 아니네!' 하며 넘길 수 있는 회복력을 키워
보도록 하자.

넘어지지 않게 붙잡고 있는 사랑보다,

넘어져도 괜찮다고 믿어 주는 사랑이, 더 강하다.

매사에 주눅 들어 있는 아이

"나는 잘하는 게 하나도 없어요."

하랑이는 뭐든 시작하기 전에 먼저 말한다.

"저는 못해요."

하랑이 엄마는 그 말을 들을 때마다 마음이 아프다.

어릴 때부터 또래보다 조금 느렸던 하랑이는 새로운 일을 시작할 때마다 힘들어하고 주저했다. 그런 하랑이를 위해 엄마 아빠는 늘 칭찬을 아끼지 않았다.

"하랑아, 넌 최고야! 이것도 해냈어? 대단해!"

그럴 때면 하랑이 얼굴에 잠깐 미소가 번지기도 한다. 하지만 그 반짝임은 오래가지 않았다.

미술 시간, 하랑이는 하얀 종이를 앞에 두고 색연필을 몇 번 긋다가 멈췄다.

"못 그리겠어요."

그러곤 그림을 뒤집고 두 팔로 책상을 덮어 버린다. 다른 친구들이 다가오자, 뭐라도 들킬까 봐 겁난 듯, 얼른 종이를 접어 가방에 넣어 버렸다.

수학 문제를 풀 때도 비슷하다. 조금 복잡한 문제가 나오면 풀이를 시도하기도 전에 엄마를 찾는다.

"엄마, 이거 어려워요. 어떻게 해요?"

문제를 다 풀어 놓고도 "틀린 것 같아요." 하며 고개를 숙인다.

"하랑아, 할 수 있어! 해 보자!"

하지만 하랑이는 여전히 고개를 젓는다. 틀린 문제를 발견하면 "이럴 줄 알았어."라며 자기 머리를 때리기도 한다.

부모님은 답답했다.

'칭찬도, 응원도, 다 소용이 없는 걸까?'

아무리 끌어 올리려 노력해 보아도, 하랑이의 자신감은 점점 더 깊은 곳으로 숨어 버리는 것 같다.

아이 마음 들여다보기

〈하랑이의 속마음〉

나는 잘하는 게 없다.

학교에서 보면 친구들은 다 잘하는데, 나만 느리고, 나만 못하는 것 같다. 수업 시간에 머릿속에선 하고 싶은 말이 있어도, '틀리면 어떡하지?' 하는 걱정이 먼저 밀려온다.

엄마 아빠는 늘 "하랑아, 넌 최고야! 잘하고 있어!"라고 말한다.

그 말을 들으면 잠깐은 기분이 좋지만, 그건 거짓말이야. 난 알아. 난 최고가 아니야…….

동생들도 할 수 있는 걸 내가 했다고 칭찬하는 엄마 아빠를 보면, 마음이 이상하다. 이건 누구나 당연히 할 수 있는 건데, 엄마 아빠는 진심으로 이게 대단하다고 생각하는 걸까?

우리 반 친구들이 얼마나 똑똑한지, 얼마나 빠른지, 엄마 아빠가 보면 놀라실 거다. 나를 대단하다고 하던 마음이 바뀔지도 모른다. 그래서 더 속상하다.

난 어떻게 해야 친구들처럼 잘할 수 있을까? 아무리 노력해도, 안되면 어쩌지? 엄마 아빠는 "이대로도 괜찮아."라고 하지만, 정말 괜찮은 걸까?

나도 잘하고 싶다. 난 정말 욕심내지 말고 이대로 살아가야 하는 걸까?

어떻게 도울 수 있을까?

1. 아이의 상황에 대한, 따뜻하지만 객관적인 대화

"넌 최고야!"라는 말이 나쁘진 않지만, 현실과 괴리감이 크면 아이는 '부모님은 나를 잘 모른다'고 느낄 수 있다.

지금 잘하는 점과 앞으로 할 수 있는 일을 구체적으로 짚어 주며, 현실적으로 도움이 되는 대화를 해 보자.

2. 작은 계획부터 시작

아이가 짠해서 부모가 대신해 주는 순간, 아이는 스스

로 해결하는 힘을 잃는다.

목표를 잘게 나누어 함께 세워 보고, 매번 달성할 때마다 스스로 만족감을 느끼게 해 주는 것이 좋다.

이때, 목표나 계획이 거창할 필요는 없다. 작은 달력에 간단한 하루 계획을 세워 아이가 스스로 표시하며, 성취감을 느끼도록 하는 것도 좋은 방법이다.

3. 시도에 대한 긍정적 대화

"틀렸지만 끝까지 풀었네! 이 부분만 다시 생각해 보면 답이 나오겠다."처럼 과정을 구체적으로 짚어 주는 말이 아이 마음속에 힘이 되어 준다.

아이의 도전을 응원하기 위해서는, 결과보다 과정 속의 시도를 인정해 주는 대화 기술이 필요하다.

4. 미래에 대한 자기 확신

"작년의 너보다 발전한 지금 네 모습을 봐. 지금도 이렇게 열심히 하고 있으니, 내년의 네가 더 기대돼. 너는 결국 네가 원하는 곳에 갈 수 있을 거야."

이런 부모의 믿음은 아이가 불안을 견디는 가장 큰 힘이 된다. 현재 나의 모습을 있는 그대로 인정하고 함께 나아갈 희망을 나누는 것. 지금 아이에겐 그 희망이 필요한 순간이다.

육아는 아이에게 밝은 세상이 있다고 속이는 일이 아니다. 아이 스스로 밝은 세상을 꿈꾸고, 그 길을 나아갈 힘을 키워 주는 일이다.

완벽하지 않으면 불안한 아이

"뭐든 다 잘하고 싶어요."

세주는 어릴 때부터 똑똑하고 야무진 아이였다. 그런 세주는 항상 엄마 아빠의 자랑이었다.

"우리 세주는 워낙 모범생이라서 항상 칭찬만 듣지 뭐."

"세주는 우리 반에서 제일 똑똑해요!"

세주는 사람들의 이런 칭찬이 참 듣기 좋았다.

하지만 그런 세주에게도 어려운 순간이 있다. 바로 종이접기나 만들기를 하는 시간이다. 손으로 하는 활동이 서툰 세주는, 못하는 모습을 친구들이나 선생님에게 들키고 싶지 않았다.

그래서 그 시간엔 배가 아픈 척 보건실에 가기도 하고, 일부러 작품을 실수로 망친 척하기도 했다.

그러던 어느 날, 수학 단원평가 결과를 보고 세주는 당황했다. 평소 자신 있던 과목인데, 아주 쉬운 문제를 틀렸기 때문이다. 정말 아는 문제였기에 더 억울했다.

결국, 세주는 답을 몰래 고쳐, 선생님께 가서 시험지를 내밀었다. 그런 세주에게 선생님은 걱정스러운 눈빛으로 말했다.

"세주야, 한 문제 정도 실수할 수 있어. 괜찮아."

그 말과 함께 시험지를 돌려받은 세주는 속상함이 북받쳐 울음이 터졌다.

아이 마음 들여다보기

〈세주의 속마음〉

나는 어릴 때부터 부모님의 자랑이었다. 뭐든 잘하고, 똑똑한 내 모습을 보면 나도 기분이 좋았다.

친구들은 그런 나를 부러워했고, 어른들은 예뻐해 줬

다. 난 그런 칭찬들이 좋았다. 내가 특별한 사람처럼 느껴졌다.

그런데 가끔 무서운 생각이 든다.

'혹시 실수하면 어쩌지?'

그건 진짜 내 모습이 아니라고 스스로 달래 보지만, 마음은 점점 불안해진다.

못 하는 모습을 들키면, 부모님이 실망할 것 같고, 나도 창피할 것 같다. 그래서 가끔 하는 실수는 어떻게든 남들한테는 들키지 않아야 해! 평범하게 보이는 건 정말 싫다. 늘 완벽한 모습으로 남들에게 인정받아야 진짜 나니까…….

누구나 실수할 수 있다는걸, 가끔은 완벽하지 않아도 괜찮다는걸, 나도 당연히 알고 있다. 그렇다고 그런 모습을 남들에게 다 보여 줄 필요는 없잖아? 나는 완벽한 모습만 보여 주는 게 나쁘지 않다고 생각한다.

그래서 오늘도 작은 실수를 하는 나답지 않은 모습은 나만 알고, 자랑스러운 완벽한 나의 모습만 남들에게 보여 주기 위해 열심히 노력한다.

어떻게 도울 수 있을까?

1. 기대감의 표현이 짐이 되지 않도록

아이에게 자랑스러움을 표현하는 건 좋지만, 기대감을 여과 없이 과도하게 드러내면 아직 가치관 형성이 안 된 아이들에게는 무거운 짐이 될 수도 있다.

칭찬이 '항상 이런 모습이어야 해!'라는 압박으로 변하지 않도록 아이의 성향을 잘 살펴보아야 한다.

2. 실패는 필요한 경험이다

새로운 일에 쉽게 도전할 수 있는 환경을 만들어 주는 것은 부모의 몫이다.

실패도 좋은 경험이 될 수 있다는 걸 함께 느끼고, 부모가 자신의 실수와 시행착오를 겪는 모습을 자연스럽게 보여 주는 것이 큰 도움이 된다.

아이가 잘하는 것에 대한 칭찬에만 집중하지 말고, 아이가 가진 삶의 태도에 관한 대화를 나눌 수 있는 어른이 되어 주자.

3. 부모의 무조건적인 "사랑해."

부모의 사랑은 조건이 없지만, 아이는 종종 잘해야 사랑받을 수 있다고 오해를 한다.

그런 오해가 생기지 않도록, 성과와 상관없이 "사랑해."라는 마음을 자주 표현하자. 생각보다 그런 이유 없는 사랑의 표현이 아이를 지탱해 주는 큰 힘이 된다. 잘하든 못하든, 그냥 '네가 있어서 좋다'는 말 한마디가.

4. 완벽함은 이뤄 내는 것이 아니라 살아가는 것

세상에는 완벽한 사람이 없고, 그렇기에 사람들은 서로 도우며 살아간다.

이 당연한 사실을 아이와 나누며, 부족함이 때론 살아가는 힘을 만들어 준다는 걸 알려 주자.

완벽하기 위해 노력하는 것은 훌륭한 삶의 태도지만, 결과가 완벽하지 않다고 해서 실망할 필요는 없다. 거기까지 해낸 나의 노력, 그 자체로 이미 완벽한 삶의 모습이다.

5. 잘한다는 기준은 사람마다 다르다

남들이 정한 기준에 맞추다 보면 끝없는 경쟁 속에서 지칠 수밖에 없다. 그 많은 사람의 기준을 모두 만족시키는 건 불가능한 일이기 때문이다.

아이가 스스로의 기준을 세우고, 그 안에서 만족감을 느낄 수 있도록 격려해 주자.

모든 사람의 기준에 맞는 '완벽한' 사람은 존재할 수 없다.

수많은 기준에 나를 맞추려 하다 보면, 결국 나를 잃게 된다.

나의 기준으로 나를 지켜 나가는 삶이 진짜 '나만의 완벽한 삶'이다.

엄마와의 대화가 힘든 아이

"엄마의 질문이 부담스러워요."

아솜이는 요즘 엄마랑 이야기를 나누다 보면 자꾸 짜증이 난다.

엄마는 아솜이와 많은 대화를 나누고 싶어 하지만, 아솜이는 그 시간이 왜인지 힘들다.

"오늘 학교에서 뭐 했어?"

"뭘 하긴 뭘 해……. 수업하고 그냥 그랬지."

그냥 대답하기가 싫은 아솜이의 마음을 엄마는 모른다. 아솜이의 얼굴이 조금만 굳어져도 엄마는 금세 다시 묻는다.

"왜? 무슨 일 있었어?"

오늘은 아솜이에게 즐거운 하루였다. 친구들이랑 교실 영화 파티를 했고, 간식도 잔뜩 먹었다. 그 기분 그대로 학원에 갔다가 집에 왔다. 엄마는 맛있는 저녁을 차려 놓고, 아빠는 청소기를 밀고 있었다.

'아, 오늘 저녁도 완벽한걸?' 맛있는 냄새에 아솜이는 기분이 더 좋아졌다.

그렇게 가족끼리 둘러앉아 저녁을 먹기 시작했다. 그런데 갑자기 엄마가 또 이야기를 꺼냈다.

"우리 아솜이, 요즘 고민 있는 거 아니야? 엄마 아빠는 항상 네 편이야, 알지? 무슨 일 있으면 언제든 기대."

아솜이는 속으로 한숨을 쉬었다.

'하…….. 또 시작이네.'

맛있던 밥맛이 살짝 줄어드는 순간이었다.

아이 마음 들여다보기

〈아솜이의 속마음〉

나는 요즘 그냥 잘 지낸다. 웃을 일도 많고, 친구들이랑도 잘 지내고 있다. 물론 가끔 힘든 일도 있지만, 그 정도는 누구나 다 겪는 일이라고 생각한다. 그런데 이상하게, 요즘 엄마랑 대화하는 시간이 제일 힘들다.

엄마는 날 보면 항상 뭔가 걱정하는 눈빛이다. "무슨 일 있어?"라는 말을 너무 자주 한다. 내가 그냥 피곤해서 조용히 있을 뿐인데도, 묻고 또 묻는다. 솔직히 그럴 때면 '내가 진짜 무슨 일이라도 있길 바라는 건가?'라는 생각까지 든다.

나는 그냥 날 좀 믿고 내버려뒀으면 좋겠다. 뭐가 그렇게 궁금한 걸까? 왜 꼭 모든 걸 다 말해야 하는 걸까? 내가 얘기하기 싫은 것도 있다는걸, 엄마는 왜 모를까.

엄마의 질문에 대답하려고 하면, 말이 목구멍에서 막혀버린다. "그냥 잘 지내."라고 말하면 엄마는 안 믿는 것 같고, 대답을 길게 하면 또 꼬치꼬치 물어본다. 그러면 내 마음은 더 답답해진다.

나는 엄마가 왜 이렇게까지 나한테 집중하는지 이해가 안 간다. 엄마는 나랑 무슨 얘기를 하고 싶은 걸까? 그냥 재미있는 얘기를 하고 싶은 건지, 아니면 나한테서 뭔가 문제를 찾아내고 싶은 건지, 잘 모르겠다.

가끔은, 대화라는 게 나를 편하게 하는 시간이 아니라, 나를 계속 시험하는 시간처럼 느껴진다. 그래서 엄마의 질문이 시작되면, 나는 이상하게 짜증이 올라온다. 나도 내가 왜 이러는지 답답하고, 엄마한테도 미안하다.

어떻게 도울 수 있을까?

1. 과한 걱정은 아이에게 독

사랑이 깊으면 걱정도 많아진다. 하지만 그 걱정이 매일매일 아이를 향해 쏟아진다면, 아이는 '뭔가, 잘못되어 가고 있나?'라는 불안한 마음을 가지게 된다. 미리 하는 걱정보다는 믿음을 보여 주자. 모든 걱정을 표현하는 사랑은 상대에겐 숨 막히는 감옥일 수 있다.

2. 부모가 아이의 모든 아픔을 알아야 하는 건 아니다

부모는 아이가 힘들어하는 순간을 놓치고 싶지 않아 한다. 하지만 부모가 모든 아픔을 다 알고 해결해 주려고 하면, 아이는 스스로 감정을 소화할 기회를 잃는다. 아이가 스스로 견디고 이겨 낼 수 있는 작은 어려움은 부모가 모른 채 지나가도 된다. 그 경험이 아이를 단단하게 만들어 줄 것이다.

3. 질문 폭탄은 그만

특히 초등 3학년 이후에는 "오늘 뭐 했어?", "누구랑 놀았어?" 같은 질문 폭탄은 멈추자. 의도는 좋지만, 아이에게는 취조받는 것처럼 느껴질 수 있다.

부모가 먼저 자신의 하루를 이야기하자. 직장에서 있었던 일, 오늘 웃었던 순간, 조금 힘들었던 일까지, 진짜 대화를 나누다 보면 아이도 자신의 하루를 조금씩 꺼낼 것이다.

4. 대화는 기다림에서 시작된다

대화를 억지로 이끌려 하면 아이의 입은 더 닫힌다. 언젠가는 아이가 먼저 "엄마, 오늘 하루 어땠어?"라고 물을 때가 온다. 그때를 기다려 보자. 아이가 마음을 열 수 있는 분위기를 만드는 건 부모의 인내다.

5. 아이가 스스로 먼저 도움을 요청할 수 있는 부모

아이가 정말 힘들 때, '엄마 아빠한테 말할 거야!'라고 자연스럽게 떠오르는 부모가 되어야 한다. 평소에 함께 시간을 보내며 일상 대화를 많이 나누면, 억지로 먼저 묻지 않아도 아이가 먼저 손을 내미는 순간이 온다.

그런 순간을 위해, 우리는 아이가 힘들어하는 모습을 보며 마음이 아파도 꿋꿋이 버티고 지켜 줄 수 있는 단단한 마음을 길러야 한다.

앞서가는 걱정보다, 한 걸음 뒤에서 믿어 주고 기다리는 마음이 진짜 위로가 되어 준다.

늘 착해야만 한다고 믿는 아이

"착해야 예쁨받을 수 있잖아요."

카인이는 착하다. 규칙을 잘 지키고, 수업 시간에도 뭐든 열심히 한다. 친구들과 놀 때도, 카인이는 항상 친구들을 위해 양보를 한다. 왜냐하면, 친구들과 다투는 게 세상에서 제일 싫기 때문이다.

"카인아, 나 연필 좀!"

"응, 여기 있어."

친구들은 물건을 빌릴 때, 자연스럽게 카인이를 먼저 찾는다. 카인이는 그런 친구들의 부탁을 한 번도 거절한 적이 없다. 심지어 자기가 지금 써야 하는 물건이라도 그냥 내어 준다. 잠깐 불편한 건 참을 수 있지만, 거절해서 분위기가 어색해지는 건 참기가 힘들다.

반에서 '우리 반에서 제일 친절한 친구'를 뽑는 활동을 하게 되면, 카인이는 항상 제일 많은 스티커를 받는다.

선생님들은 항상 "카인이는 정말 착하고 예의 바른 아이예요."라고 칭찬하고, 엄마는 그런 말을 들을 때마다 뿌듯하다.

"카인아, 다른 사람에게 친절할 수 있는 마음은 대단한 거야. 그런 우리 카인이가 엄마는 정말 자랑스러워."

엄마의 칭찬을 들을 때마다 카인이도 기분이 좋다.

아이 마음 들여다보기

〈카인이의 속마음〉

나는 착하다. 우리 엄마도 착하다.

친구들에게 내가 먼저 양보하고, 다툼이 일어나지 않게 내가 조금만 참으면 모두가 행복하다. 이젠 그게 나도 편하다.

물론, 가끔 반 친구들이 나를 함부로 대할 때도 있다.

당연히 속상하지만, 티를 내진 않는다. 그 순간만 참으면 되니까……. 그 애들은 원래 그런 애들이고, 내가 화내 봤자 싸움만 될 거다.

친구들이 내 물건을 막 가져갈 때도, 사실 빌려주기 싫을 때가 많다. 하지만 내가 "안 돼!"라고 하면 친구가 나를 나쁜 애라고 생각할까 봐, 차마 거절할 수가 없다. 친구들이 나를 착하다고 좋아해 주는데, 내가 못되게 굴 순 없잖아…….

나도 세상엔 나쁜 사람들도 많다는 걸 잘 알고 있다. 하지만 난 계속 이렇게 착하고, 평화롭게 살아가고 싶다.

내가 착하고 친절하면, 대부분 나와 다투려고 하진 않겠지? 그렇지, 엄마?

어떻게 도울 수 있을까?

1. 부모는 도덕책이 아니다

항상 바른 행동, 항상 친절함만을 강요받은 아이는 '착해야만 사랑받는다.'라고 믿게 된다. 이 믿음은 관계 속에서 불필요한 희생을 반복하게 만들 수 있다. 아이가 잘

못할 수도 있고, 실수할 수도 있다는 걸 인정하자. 부모가 먼저 실수했을 때 인정하고 사과하는 모습을 보여 주는 것도 좋은 방법이다.

2. 아이들은 갈등 속에서 성장한다

모든 다툼을 막으려고 하면 아이는 갈등을 해결하는 방법을 배우지 못한다. 친구와 싸웠을 때, 바로 개입하기보다 아이들끼리 다투고 화해하는 과정을 자기들끼리 겪어 보도록 멀리서 지켜봐 주는 것도 어른의 중요한 역할이다. 갈등을 스스로 해결해 보는 경험은, 성장에 꼭 필요한 과정이다.

3. 갈등은 거절에서 비롯되는 것이 아니다

친구의 기분을 맞추느라 자기 마음을 무시하는 습관은 결국 자존감을 깎는다. 아이가 싫다고 말했을 때, 그 선택을 존중하고 지켜 줘야 한다. 이때, 싫다는 표현을 부드럽게 할 수 있도록 지도하는 것이 살아가는 데, 더 도움이 된다.

기억하자. 갈등은 거절에서 시작되지 않는다. 갈등의 씨앗은 무례함에서 자라난다.

4. 무조건적인 양보 강요는 그만

양보는 선택이지 의무가 아니다. 예를 들어, 아이가 장난감을 빌려주기 싫을 때 "그럴 수 있어. 이게 소중하다면, 다른 장난감을 골라 줘 볼까?"라고 말해 주자. 예의 있는 거절로 관계가 깨지지 않는 경험을 해야 한다. 그래야 나중에 부모 없이도 스스로를 지킬 수 있다.

5. 기대와 다른 상황을 견디는 힘

항상 착한 아이는 기대와 다른 상황이 오면 마음이 쉽게 무너질 수 있다. 세상엔 내가 아무리 친절해도, 이유 없이 날 싫어하는 사람도 있을 수 있다. 그런 상황에서도 단단하게 대처하기 위해서는, 내 행동의 결과로 다른 사람의 태도를 기대하는 습관을 버려야 한다.

나의 태도는 나의 결정이고, 다른 사람의 태도는 그 사람의 결정임을 배워야 한다.

♥

진짜 착함은 나에게도 착한 것이다.

다른 사람을 위해 스스로에게 가혹하게 대한다면, 그건 착

함이 아니라 어리석음이다.

'관심 중독'에 빠진 아이

"관심받기 위해 뭐든 할 수 있어요."

바인이는 선생님이 무엇을 물어봐도 가장 먼저 손을 든다.

"선생님! 저요! 제가 할래요!"

그렇게 손을 번쩍 들었지만, 막상 시간이 지나면 아무 것도 하지 않고 놀다가 혼나는 일이 많다.

학급 임원 선거도 마찬가지다. 아이들 앞에서 뽑히는 순간의 환호와 시선은 너무 좋지만, 막상 일을 하는 건 귀찮고 싫다.

오늘도 청소 시간에 다른 친구들이 청소하는 동안, 바 인이는 아무것도 안 하고 떠들다가 또 선생님께 혼났다.

바인이는 억울했다. '임원이라고 억울하게 혼나는 일이 너무 많아!' 속으로 중얼거렸다.

이런 모습 때문에 바인이는 2학기에는 임원 선거에서 떨어지곤 했다.

바인이는 엄마에게 뭐든 이야기한다.

오늘은 학교에서 만들기 시간에 만든 인형을 들고 집에 왔다. 사실 만드는 시간은 너무 지루해서 10분 만에 대충 만들었다. 모양은 볼품없었지만, 엄마 앞에서는 제일 진지했다.

"엄마, 이거 내가 만든 거야! 얼마나 힘들었는지 알아? 이건 이렇게 만든 거고, 여긴 내가 특별히 꾸민 거야! 우리 반에서 내가 제일 잘 만든 거 같아!"

엄마가 자세히 보며 "그래, 잘했네!"라고 할 때까지, 바인이는 몇 번이나 물었다.

"잘했지? 대단하지?"

엄마는 솔직히 인형 모양이 별로라고 생각했지만, 바인이의 눈빛과 반복되는 질문에 결국 웃으며 칭찬해 주었다.

바인이는 그제야 만족스럽게 웃으며, 인형을 방구석에 툭 던져 버렸다.

아이 마음 들여다보기

〈바인이의 속마음〉

어렸을 때부터 엄마 아빠는 내가 뭐라도 특별한 걸 하면 반응을 해 줬다.

그냥 조용히 있는 나보다는, 웃기거나 잘하는 걸 보여 주는 나를 더 좋아해 줬던 것 같다.

비밀인데, 사실 난 잘하는 게 없다. 그래서 사람들이 모여 있을 때면, 난 뭐든 보여 주기 위해 노력한다. 그 순간만큼은 모두가 나를 봐 준다. 그러면 내가 꼭 중요한 사람이 된 것 같아서 기분이 좋아진다.

더 웃기게 말하고, 더 크게 자랑하고, 뭐라도 먼저 손을 든다. 그렇게 안 하면, 아무도 나를 봐 주지 않을 거 같아서……. 아무도 나랑 친구가 되어 주지 않을 것 같아서…….

친구들이 웃어 주고, 선생님이 이름을 불러 주고, 엄마가 "잘했어!"라고 말해 주는 순간이 너무 좋다.

솔직히 나도 안다. 내가 만든 인형이 예쁘지 않다는 거, 내 발표가 엉망이라는 거, 근데도 자꾸만 자랑을 하게 된다. 잘했다고 말해 줄 때까지 계속 묻게 된다.

난 그냥, 사람들이 날 좋아해 줬으면 좋겠다.

그래서 난 오늘도, 뭐라도 한다!

어떻게 도울 수 있을까?

1. '적극성'과 '관심 중독'의 차이

적극성은 내가 좋아하고 잘하는 일에 대한 자기 확신에서 나오는 힘이다. 반면 관심 중독은, 그저 남에게 잘 보이기 위해 억지로 만드는 과한 행동이다.

겉으론 비슷해 보여도, 아이 마음속에서 벌어지는 일은 전혀 다르다.

2. 애정 결핍의 흔적

바인이처럼 유난히 과한 행동에 피드백을 받으며 자란

아이는, 생활 속 자신의 평범한 모습은 사랑받지 못한다고 느낀다.

그래서 진짜 나의 모습을 보여 주는 것이 두려워지고, 결국 더 자극적인 행동으로 관심을 끌려고 한다.

3. 자존감

사람들의 관심을 위해서가 아니라, 내가 좋아하는 것에 대해 느끼는 경험이 필요하다.

자존감은 무엇을 잘한다고 해서 높아지는 것이 아니다. 지금의 자기 모습을 객관적으로 인정하고 긍정적으로 받아들인 후, 무엇을 노력해야 할지 파악하는 것부터 시작해야 한다.

먼저, 아이와 함께 우리의 지금 모습을 있는 그대로 쿨하게 받아들여 보자.

4. 능력에 대한 객관적 판단

부모가 무조건 "잘했어!"만 반복하면, 아이는 자기 실제 능력을 판단하는 데 혼란을 겪을 수 있다.

잘한 건 잘했다고, 부족한 건 부족하다고 이야기해 주되, 그럼에도 변하지 않는 믿음과 사랑을 보여 주면 된다.

능력 밖의 허세는 결국 스스로에게 실망하게 되어, 무너지게 된다는 것을 명심하자.

5. 부모가 보여 주는 삶의 태도

부모의 대화 주제가 늘 남의 이야기, 성과 이야기, 사건 중심의 이야기는 아닌지 돌아보자.

관심에 민감하여 허세가 있는 아이에게는, 내면을 바라보는 경험이 중요하다.

온전한 내 삶의 이야기.

"아침에 일어났더니 오늘 햇살이 참 좋더라. 하루 종일 기분이 좋아."

"오늘은 너랑 산책하고 싶어. 그냥 행복하다!"

이유 없는 행복, 존재 자체로 느끼는 기쁨을 보여 주는 부모 삶의 태도가, 아이에게 가장 편안한 쉼이 되어 줄 것이다.

♥

다른 사람의 관심을 받으려고 애쓰느라, 나에겐 관심을 주지 못했던 나.

이제 남의 관심이 아닌 나의 관심으로 내 삶을 채우기 시작한다.

4교시

'여왕벌 세상'에서
우리 아이
지키기

4교시를 시작하며

우리는 흔히 인간관계에서 자기 멋대로 주변 사람을 휘두르려는 사람을 '여왕벌'이라고 부른다. 얼핏 보면 다정하고 친절해 보이지만, 사실은 다른 사람들을 통제하며 서열을 만드는 사람이다. 때로는 칭찬과 선물로 호감을 얻어 놓고, 교묘한 비난과 무안 주기로 상대를 혼란스럽게 한다. 이러한 이중적인 모습으로 관계의 주도권을 쥐고, 자신을 중심으로 무리를 만든다.

이러한 여왕벌은 어른들의 사회에만 존재하는 것이 아니다. 교실이라는 아이들의 작은 사회 안에서 여왕벌은 무리를 만들고, 친구들의 자리를 은밀하게 결정한다. '교실 속 작은 권력자'다. 겉으로는 모두와 친하게 지내는 것처럼 행동하지만, 실제로는 자기 마음에 들지 않는 친구는 교묘하게 고립시킨다.

문제는 어른들이 이런 여왕벌의 괴롭힘을 쉽게 눈치채지 못한다는 점이다. 왜냐하면 여왕벌은 어른들 앞에서 전혀 다른 얼굴을 하는 경우가 많기 때문이다. 선생님 앞에서는 적극적이고 친구를 좋아하는 학생의 모습, 부모 앞에서는 여리고 마음 약한 모습을 보이기도 한다.

이렇게 상대에 따라 변하는 다른 모습 때문에 피해당하는 아이들은 힘들어도 쉽게 말하지 못하고, 어른들은 그 상황을 놓치게 되는 것이다.

이번 장에서는 여왕벌의 불안과 통제 욕구, 그리고 이러한 '여왕벌 세상' 속에서 혼란을 겪고 있는 아이들의 마음을 깊이 들여다보고자 한다.

그리고 부모가 어떻게 이 아이들을 지켜 줄 수 있는지, 그 방법에 대해 함께 나누려 한다.

여왕벌 세상 속 아이들의 이야기

에피소드 1. 매력적인 친구

"야, 어제 이거 귀엽다고 했지? 나 두 개 있거든. 하나 너 줄게."

대주가 알록달록한 지우개를 내밀었다.

현서의 눈이 반짝였다.

"진짜? 고마워!"

대주는 친절하고, 다정한 모습으로 그렇게 현서에게 다가왔다. 이것저것 선물을 주기도 하고, 쉬는 시간마다 현서의 손을 이끌고 여기저기 돌아다녔다.

"가자. 내가 재밌는 곳 알려 줄게."

둘이 웃으며 교실을 나가려고 하자 세진이가 다가왔다.

"둘이 어디가? 나도 같이 가자!"

대주는 잠깐 멈추더니 고개를 돌려 현서 귀에 살짝 속삭였다.

"우리 둘이 가고 싶은데, 그치?"

현서는 세진이에게 들렸을까 봐 얼굴이 달아올랐다. 싫다고 말할 수도 없고, 그냥 웃을 수밖에 없었다. 대주는 곧바로 세진이를 향해 아무렇지 않게 말했다.

"알았어, 알았어. 같이 가자."

세진이는 씩 웃으며 대주의 팔짱을 꼈고, 셋은 함께 복도로 나갔다. 복도를 걸어가는 태하를 본 대주는 얼굴을 찡그리며 이야기했다.

"쟤는 맨날 저래. 진짜 싫어."

세진이가 맞장구치며 크게 웃었다. 현서는 그냥 따라 웃었지만, 마음이 살짝 불편했다.

'태하가 지금 뭘 잘못했나? 그래도 대주는 나한테는 다정하잖아. 나만 챙겨 주잖아.'

현서는 대주를 흘끗 보았다. 마음 한구석이 흔들렸다.

에피소드 2. 교묘한 지배

쉬는 시간, 현서가 지우개를 잃어버려서 책상 밑을 더듬고 있었다.

그 순간 대주가 크게 소리쳤다.

"야, 또 흘렸어? 그만 좀 해라! 진짜 창피하게……."

세진이가 곧장 맞장구쳤다.

"맞아, 현서는 맨날 저래. 완전 덤벙이."

같이 모여 있던 친구들 사이에서 피식 웃음이 터졌다.

현서는 손에 힘이 빠졌다. '뭐가 그렇게 웃겨?'

그 분위기가 말로 설명하기 힘든 수치심을 줬지만, 누구 하나 말려 주지 않았다.

그런데 대주의 태도는 단둘이 있을 땐 또 달랐다.

"아까는 미안. 근데 네가 자꾸 흘리니까 진짜 걱정돼서 한 말이야."

대주는 현서의 팔짱을 끼며 웃었다.

"내가 널 제일 챙기는 거 알지? 다른 애들이 계속 너한테 뭐라고 하니까, 내가 짜증 나서 그런 거야."

현서는 머뭇거리며 고개를 끄덕였다. 속상하면서도,

'그래도 나를 챙겨 주는 건 대주뿐이야.' 하는 마음이 스쳤다.

이런 일은 계속 반복되었다.

수학 시간에 현서가 문제를 풀다 잠시 멈추자, 대주가 웃으며 말했다.

"그것도 몰라? 내가 알려 줘?"

세진이가 덧붙였다.

"그래, 그냥 대주한테 알려 달라고 해."

모둠 친구들이 현서를 웃으며 쳐다봤다.

하지만 쉬는 시간에 둘만 남으면, 대주는 또 속삭였다.

"현서야, 세진이 신경 쓰지 마. 내가 도와줄게."

현서는 점점 혼란스러웠다.

'날 웃음거리로 만드는 건 너면서, 날 도와준다고?'

에피소드 3. 악역 이용법

체육 시간이 끝난 뒤, 아이들이 교실로 돌아왔다. 태하가 뛰어 들어오다 대주의 책상에 툭 하고 부딪쳤다.

"아!" 대주가 팔을 감싸며 큰 소리로 소리쳤다. 순간 교실이 조용해졌다.

"또 태하가 때렸어?" 세진이가 발끈하며 외쳤다. 다른 아이들도 웅성거리기 시작했다. 태하는 당황해서 고개를 숙였다.

"일부러 그런 거 아니야. 그냥⋯⋯."

태하의 말이 끝나기도 전에, 대주는 얼굴을 찡그리며 태하에게 이야기했다.

"진짜 아프단 말이야. 왜 맨날 나한테만 그래?"

그러자 옆에 있던 대주의 친구들이 한마디씩 거들기 시작했다.

"태하야, 진짜 왜 그러냐."

태하는 친구들의 비난에 교실을 나가 버렸다.

현서는 책상에 앉아 그 장면을 지켜보고 있었다. 태하가 억울하다고 말하는 그 목소리가 조금 슬퍼 보였다. 현서의 가슴이 갑자기 덜컥 내려앉았다.

'대주한테 잘못 보이면, 나도 저렇게 되는 걸까? 아니야. 태하는 원래 선생님께도 자주 혼나는 애잖아.'

쉬는 시간, 대주는 팔을 살짝 감싸쥐며 현서에게 웃으

며 말했다.

"아직도 아파. 봐봐, 빨갛지?"

현서는 고개를 끄덕이며 "응."하고 짧게 대답했다.

대주는 그런 현서를 한참 동안 가만히 바라봤다. 그 순간 현서의 심장이 또다시 덜컥 내려앉았다.

에피소드 4. 여왕벌이 만드는 고립

현서는 요즘 학교생활이 괴롭다.

점심을 먹고 교실로 돌아와 자리에 앉으려는 순간, 대주가 다가와 말했다.

"현서야, 잠깐 비켜 줄래? 우리끼리 얘기 좀 해야 해서⋯⋯."

세진이가 얼른 끼어들며 대주 옆에 섰다.

대주의 말을 거절하기 힘든 현서는 교실을 나가며, 가슴이 찔린 듯 아팠다.

놀이 시간에도 마찬가지였다.

"현서야, 이건 너가 싫어하는 거잖아. 넌 다음에 다른 거 할 때 같이 하자."

대주가 웃으며 말하자, 세진이가 "맞아, 현서는 이거 싫어하지?" 하며 거들었다.

딱 잘라서 "너랑 놀기 싫어!"라고 말하지는 않지만, 어쩐지 자꾸 외톨이를 만드는 기분이다.

하지만 어른들 앞에서의 대주는, 아직 현서의 가장 친한 단짝 친구다.

하굣길, 우연히 마주친 현서 엄마에게 대주가 씩 웃으며 말했다.

"안녕하세요! 저 현서랑 단짝 친구 대주예요!"

현서 엄마는 반갑게 웃으며 대주와 인사했고, 현서도 옆에서 고개를 끄덕였다. 그 순간만큼은 정말 아직도 대주와 단짝 친구 같은 기분이 들었다.

다음 날, 현서의 작은 희망은 초라하게 사라졌다.

친구들 사이에서 대주가 작게 속삭였다.

"현서 요즘 좀 이상하지 않아? 놀 때도 혼자 짜증만 내고. 나 진짜 속상해."

대주의 말에 친구들은 슬쩍 고개를 끄덕였다.

현서는 바로 옆에 있었지만, 누구도 현서를 바라봐 주

지 않았다. 교실 한쪽 벽에 앉아 있는 현서의 귀에는 친구들 웃음소리가 허무하게 울렸다.

'나는 어디에 있어야 하지……?'

에피소드 5. 벗어나려는 용기와 통제

현서는 결심했다.

'대주 없어도 괜찮아. 난 혼자서도 행복할 수 있어.'

처음엔 쉽지 않았다. 쉬는 시간에 혼자 있는 자기 모습이 낯설었고, 안 친했던 친구에게 먼저 다가가는 것도 어색했다.

하지만 시간이 지나면서, 혼자 책을 보는 시간도 익숙해졌고, 체육 시간에 짝꿍인 이정이와도 자연스럽게 가까워졌다. 그렇게 점점, 마음이 조금씩 가벼워졌다.

그런데 어느 날, 대주가 갑자기 환하게 웃으며 다가왔다.

"현서야! 뭐해? 나 요즘 너랑 멀어진 거 같아서 속상해. 우리 다시 친하게 지내자!"

현서는 순간 아무 말도 할 수 없었다. '갑자기 나한테

왜 이래?'

더 혼란스러운 건 그다음에 보인 대주의 행동 때문이었다.

현서가 새로 친해진 이정이와 놀 때면, 대주는 어김없이 그 사이로 끼어들었다.

"어, 너 여기 있었네?" 그러곤 이정이를 자연스럽게 데려가 버렸다.

또 어느 날은,

"현서가 요즘 나한테 화난 거 같지 않아?"

꼭 자기가 피해자인 것처럼 이야기하는 대주의 모습에 현서는 당장이라도 그 자리에서 뛰쳐나가고 싶었다.

대주는 그런 현서를 보며 씩 웃었다. 현서는 가슴이 또 쿡쿡 아팠다.

'나는 이제 겨우 괜찮아졌는데…… 왜 다시 날 흔드는 거야? 내가 도대체 너한테 뭘 잘못한 거야?'

그날 밤, 현서는 베개를 껴안고 울며 생각했다.

'내가 뭘 잘못했을까? 왜 자꾸 이런 일이 반복되는 걸까? 난 네가 바라는 대로 또 외톨이가 되어야 하는 걸까?'

아이들의 속마음 들여다보기

여왕벌 아이의 마음

여왕벌처럼 행동하는 아이를 제대로 이해하지 못하면, 정작 모든 아이들을 도울 수 있는 시기를 놓치게 된다.

그 결과 시간이 지나면서 아이는 사회에서 '문제아'로 외면받게 되고, 부모는 여전히 "우리 아이는 리더십 있는 아이일 뿐"이라며 현실을 외면하게 된다.

아이의 내면에 자리한 불안과 결핍을 부모와 교사가 제대로 직면할 때, 비로소 변화의 길이 열린다.

특히 여왕벌 아이의 부모가 아이 속 깊은 불안과 통제하려는 마음을 이해하기 시작해야, 주변 상처받는 친구들도 관계의 고리에서 벗어나, 교실 전체가 건강한 관계로 회복될 수 있을 것이다. 아이를 단순히 나쁘다고 규정하는 시선이 아니라, 왜 그런 행동을 하는지 이해하는 시선이 필요하다. 그것이 '여왕벌 세상' 속 모든 아이들을 지켜 내는 첫걸음이 될 것이다.

이제, 여왕벌 아이의 마음을 하나씩 들여다보자.

1. 낮은 자존감에 불안한 마음

여왕벌 아이의 속마음을 깊이 들여다보면, 의외로 먼저 마주하는 건 낮은 자존감이다. 겉으로는 당당한 리더처럼 행동하지만, 마음속엔 늘 이런 질문이 숨어 있다.

'나는 정말 사랑받을 만한 사람일까?'

이 불안은 아이를 관계에 매달리게 만든다. 친구들이 자기 곁에 모여 있어야 안심이 되고, "네가 제일 좋아." 해 줄 때 스스로 괜찮은 사람이라 느낀다.

다른 사람들의 관심이 조금만 줄어도 초조해지고, 그 불안을 없애기 위해 누군가를 몰아붙이며 다시 관심을 이끌어 낸다.

아이러니하게도, 이런 면에서 여왕벌은 주변의 눈치를

가장 많이 보는 아이다. 다른 친구들의 반응을 끊임없이 살피며, 그 흐름을 놓치지 않으려 애쓰고 있기 때문이다.

겉으로는 당당한 리더 같지만, 그 속에는 낮은 자존감과 불안이 자리하고 있다는 사실을 잊지 말아야 한다.

2. 관계를 서열로 바라보는 마음

여왕벌 아이에게 친구는 그냥 즐겁게 어울리는 존재가 아니라, 순위를 매겨야 하는 대상이다.

'누가 내 편이고, 누가 내 말을 더 잘 듣지?'

이런 기준으로 관계를 바라본다.

그래서 친한 친구의 기준이 '마음이 잘 통하는 친구'가 아니라 '나를 더 잘 따르는 친구'가 된다.

진심으로 친구들과 편하게 지내고 싶어도, 나도 모르게 누가 내 편인지 따지는 마음이 스며드는 순간, 관계는 또다시 서열의 틀 속으로 흘러 들어간다. 결국 그 길은 아이 스스로도 몰랐던, 복잡한 셈을 해야 하는 피곤한 길이 된다.

3. 통제하며 안심하려는 마음

여왕벌 아이는 상황과 관계를 자신이 통제하고 있다는 확신이 있어야만 마음이 놓인다. 그래서 끊임없이 주변을 살피며, 내가 여전히 중심에 있는지 확인한다.

그 과정에서 가장 많이 쓰는 방법이 바로 고립이다.

누군가를 무리에서 떼어 내는 순간, 다른 아이들은 '여왕벌 눈 밖에 나면 저렇게 된다.'라는 신호를 읽는다. 이렇게 고립은 곧 통제력을 과시하는 도구가 되는 것이다.

하지만 고립에서 끝나는 것이 아니다. 고립시킨 대상이 다른 친구들과 어울리며 무리에서 자유롭게 벗어나려는 순간, 여왕벌 아이는 통제력을 잃을까 봐 두려워한다.

"우리, 예전처럼 친하게 지내자."

겉으로는 우정을 회복하려는 모습 같지만, 사실은 벗어나려는 대상을 다시 끌어들이려는 통제의 손길이다.

이런 통제 뒤에는 언제든 모두가 떠날지 모른다는 두려움, 언젠가 버림받을지도 모른다는 불안이 숨어 있다.

결국 그 불안에 이끌려 아이는 잘못된 방법으로라도 관계를 붙잡으려 하는 중이다.

4. 남들의 시선에 집착하는 마음

여왕벌 아이의 마음속에는 늘, 있는 그대로의 내 모습은 부족하다는 감정이 자리하고 있다. 이렇게 스스로를 사랑하지 못하니, 남들의 평가로 자신을 확인하려 한다. 그래서 자신을 끊임없이 포장한다.

선생님 앞에서는 예의 바른 아이, 친구들 앞에서는 늘 즐겁고 인기 많은 아이로…….

좋은 사람처럼 보이기 위해 많은 에너지를 쏟아 내지만, 그럴수록 마음은 텅 빈 느낌이다. 이런 아이에게 친구 관계는 곧 무대가 된다.

조금이라도 더 잘나 보이기 위해 과시하거나, 때로는 없는 이야기를 만들어 내기도 한다. 특히 자신보다 더 주목받는 친구 앞에서는 숨길 수 없는 열등감이 치밀어 올라오고, 어떻게든 다시 중심이 되려고 과한 행동을 하기도 한다.

겉으로는 당당해 보이지만, 속마음은 온통 '남들이 나를 어떻게 볼까.' 하는 집착이 숨겨져 있다.

'여왕벌 세상'에 갇힌 아이들의 마음

여왕벌 아이가 무리의 중심을 차지하고 있을 때, 그 곁에는 늘 조용히 흔들리는 아이들이 있다.

처음에는 친절에 이끌려 따라갔지만, 어느 순간부터 그 친절에 갇혀 버린다. 친구라 믿었던 관계가, 시간이 흐르며 혼란과 두려움으로 바뀌어 가는 것이다.

이 아이들은 스스로를 '피해자'라 부르지 못한다. 오히려 '내가 더 잘했어야 했나?', '내가 친구 마음을 다치게 했나?' 하고 자책하며 관계를 붙든다.

그러나 그렇게 애쓸수록 마음은 점점 작아지고, 결국 외톨이가 되는 아픔을 겪는다.

'여왕벌 세상' 속 아이들의 마음을 들여다본다는 건 단순히 아이들의 아픔을 보는 게 아니다. 그 속에는 아이들이 친구 관계에서 얼마나 쉽게 흔들릴 수 있는지, 그리고 그 과정을 어떻게 이겨 내며 더 단단해질 수 있는지가 담겨 있다.

곁의 어른들이 제대로 도와줄 때 아이는 자기 마음을 지키는 법을 배우고, 건강한 관계로 나아갈 힘을 얻게 된다.

1. 고마움이 죄책감으로 바뀌는 마음

처음 여왕벌 아이가 건네는 친절은 따뜻하다. 작은 선물, 함께 놀자며 손을 잡아 주거나, 특별히 챙겨 주는 행동은 아이 마음에 큰 고마움으로 남는다.

하지만 시간이 지나면서 그 고마움은 곧 죄책감으로 변하기 시작한다.

'나를 이렇게 챙겨 줬는데 내가 잘해야지.'

'혹시 내가 실수해서 화났나?'

이런 마음이 아이를 스스로 작아지게 만들고, 결국 아이는 자기도 모르게 미안하다고 말해 버린다.

2. 감정의 아바타가 되어 가는 마음

처음에는 분위기에 휩쓸린 단순한 맞장구일 뿐이었다.

"응, 나도 좋아."

"맞아, 네 말이 맞아."

여왕벌이 화내면 같이 화내야 하고, 여왕벌이 싫어하는 건 같이 싫어해야 할 것 같다. 사실은 괜찮았는데 속상한 척을 하고, 하고 싶은 마음에도 애써 아닌 척을 한다. 점점 스스로도 헷갈리기 시작한다.

'난 진짜 화난 걸까?'

'난 하고 싶었는데, 왜 아닌 척했을까?'

이런 혼란이 쌓이면, 아이는 점점 자기감정을 표현하기 어려워진다. 무엇이 진짜 내 마음이고, 무엇이 친구를 따라 한 것인지조차 헷갈리게 된다.

3. 악역이 되는 두려운 마음

여왕벌 아이 곁에는 늘 '악역'이 있다.

누군가의 실수가 과장되고, 우연한 행동도 "쟤가 또 그랬어!"라는 말 한마디에 사건이 된다.

태하가 그런 아이였다.

우연히 부딪힌 일도 대주의 입에서 "태하가 날 때렸어!"라는 말이 나오면, 친구들은 금세 고개를 끄덕이며 함께 비난했다. 그 순간 대주는 불쌍한 피해자가 되고, 태하는 교실 속 문제아로 더 내몰린다.

그 장면을 보는 아이들의 마음은 제각각 복잡해진다.

'나도 저렇게 될 수 있겠구나.'

여왕벌 곁에 있는 현서와 같은 아이는 더 눈치를 본다. 그래서 하고 싶은 말이 있어도 삼키고, 하고 싶은 행동도 망설이게 된다.

결국 아이는 친구 관계 속에서 자기답게 행동하기보다, 여왕벌이 원하는 모습에 점점 익숙해진다.

4. 여왕벌 곁에 머무르는 세진이의 마음

세진이와 같은 아이들은 여왕벌을 중심으로 형성된 무리 속에서 늘 안전한 자리를 찾는다. 여왕벌 옆에 있으면 자신도 그 힘 안에 보호받을 거라 믿고, 혼자가 되지 않을 거라는 안도감을 얻는 것이다.

그래서 스스로 판단하기보다 여왕벌의 기분과 말에 의존하며 따라가게 된다.

그런 마음이 복종으로 이어지고, 결국 자기 생각보다 여왕벌의 기준이 더 중요해진다.

이 마음의 바탕에는 소속되고 싶은 욕구, 힘 있는 상대와 자신을 동일시하는 심리, 그리고 의존적인 성향이 자리 잡고 있다.

겉으로는 가장 가까운 친구 같아 보이지만, 사실은 혼자가 될까 두렵고 인정받고 싶은 마음 때문에 머무는 자리라, 우정보다는 불안이 더 짙게 깔려 있다.

'여왕벌 세상' 이야기는 현서의 고립으로 이야기가 끝나는 것이 아니다.

어느 순간 세진이가 현서가 될 수도 있고, 태하가 세진이가 될 수도 있다. 심지어 힘들었던 현서가 세진이의 자리에 서게 될지도 모른다.

여왕벌 세상 속에서 감정적 지배에 휘둘리는 아이들은 그렇게 자신을 잃고, 어떤 역할을 맡게 될지 알지 못한 채 상처를 참아 낸다.

이 아이들이 관계 속에서 자기 마음을 지키고, 자기를 지키기 위해 다른 아이를 상처 주지 않으며, 스스로의 자리에서 건강하게 설 수 있도록! 그 길을 함께하는 것. 어른들이 해야 할 소중한 역할이 아닐까.

어른들이 해 줄 수 있는 일

여왕벌 세상은 몇몇 아이만의 이야기가 아니다. 어떤 아이는 고립되어 마음이 움츠러들고, 또 어떤 아이는 여왕벌 곁에 머물며 자기 마음을 잃는다. 방관하는 아이는 모른 척 침묵을 배우고, 여왕벌 아이는 잘못된 방식으로 관계를 만들어 간다. 이렇게 아이들의 마음이 모여 교실 전체 분위기를 흔들고, 결국 우리 아이도 영향을 받는다.

우리는 앞서 여왕벌 세상과 그 안에서 흔들리는 아이들의 마음을 살펴보았다. 부모로서 아이의 곁을 어떻게 지키고 다가가야 아이들이 무너지지 않을 수 있을까.

여기에서는 바로 그 답을 찾고자 한다. 여왕벌 세상에서 우리 아이를 지켜 낼 길을 함께 찾아가 보자.

여왕벌 아이를 돕는 법

1. 리더십과 통제를 구분하기

겉으로 보기엔 무리를 이끌고 중심에 서 있는 모습 때문에 리더십이 좋은 아이처럼 보일 수 있다. 하지만 아이가 친구들을 대하는 방식에 따라, 그것은 건강한 리더십일 수도 있고 불안에서 나온 통제적 성향일 수도 있다.

리더십은 함께하기 위해 다른 아이들을 모으고 끌어당기는 힘이다. 통제는 불안 때문에 친구들을 옆에 묶어 두려는 '붙잡음'이다.

리더십은 친구들의 의견을 듣고 함께 어울리며 즐거움을 나눈다. 통제는 친구들의 의견을 무시하고, 내 말에 따르지 않으면 고립시킨다.

리더십은 모두가 중심이 될 수 있는 경험을 나눈다. 통제는 나만 중심에 서 있어야 안심이 된다.

부모가 이 차이를 구분해 주지 않으면, 아이는 자신이 하는 행동을 '리더다운 행동'이라 착각하기 쉽다.

그래서 아이가 무리의 중심에 서 있을 때, 부모는 이렇게 스스로 물어보아야 한다.

‘지금 우리 아이는 친구들과 함께 어울리고 있나, 아니면 자신이 중심에 서 있기 위해 친구들을 통제하려 하는가?’

2. 존중하는 관계를 배우게 하기

여왕벌 아이는 자존감이 낮아서 자신이 주인공이라고 느껴져야 안심한다. 그래서 친구를 동등한 존재로 바라보기보다, 내 말을 들어야 하는 부하처럼 대하기 쉽다.

이 아이가 놓치고 있는 것은 바로 존중이다.

존중은 가르치는 말보다 부모가 살아가는 모습에서 전해진다.

아이의 잘못은 단호하게 바로잡되, 부모 스스로 잘못했을 때는 책임을 인정하고 아이에게 진심으로 사과하는 모습. 아이의 생각을 귀담아듣고, 대화를 통해 선택에 참여시켜 주는 태도. 다른 사람을 함부로 말하지 않고, 예의를 지키며 대하는 일상 속 모습.

이런 삶의 순간들이 모여 아이에게, 존중하는 삶의 방향이 되어 준다.

3. 다른 사람의 감정을 공감하는 연습

여왕벌 아이가 놓치고 있는 것 중 중요한 하나는, 다른 사람도 나처럼 마음이 있다는 사실이다. 늘 내 입장만 생각하고 행동하다 보면, 친구의 상처나 속상함에는 관심조차 없게 된다. 그래서 부모가 먼저 보여 주어야 한다.

아이가 느끼는 감정을 충분히 공감하며 대화하는 것이, 그 시작이다. 공감은 무조건적인 동의가 아니다. 상대가 느끼는 그 감정에 대해 '그렇겠구나.' 정도의 진심으로 느끼는 이해면 충분하다. 그리고 부모가 느낀 마음도 담담하게 표현해 주어야 한다.

"네가 그렇게 말하니까 엄마도 마음이 아프더라."

"네가 문을 쾅 닫고 들어가니까 진짜 깜짝 놀랐어. 그 문소리가 꼭 네가 나한테 소리 지르는 것처럼 느껴지더라."

아이의 감정을 존중하면서도, 부모의 감정을 솔직하게 드러내는 이런 대화 속에서 아이는 공감이 어떻게 오가는지 배우게 된다.

'내가 다른 사람의 마음을 알아줄 때, 다른 사람도 내

마음을 알아주는구나.'

그 깨달음은 여왕벌 아이에게, 위아래를 다투는 존재가 아닌 서로의 마음을 나누는 진짜 친구를 선물해 줄 것이다.

4. 가정에서 자존감을 채우기

여왕벌처럼 행동하는 아이의 마음 밑바탕에는 늘 불안이 깔려 있다.

'나는 사랑받을 만한 아이일까?'

이 불안한 마음을 달래기 위해, 친구들을 통제하고 서열을 만들며 안심하려 한다.

아이의 이런 불안을 덜어 주기 위해 부모가 해 줄 수 있는 가장 중요한 일은 있는 그대로 사랑받는 경험을 주는 것이다. 잘했을 때만 인정하는 것이 아니라, 어떤 모습이든 변함없이 소중한 존재임을 느끼게 해 줘야 한다.

"엄마는 그냥 너랑 있어서 행복하다."

이런 메시지가 아이 마음 깊은 곳에 쌓일 때, 아이는 불안 없는 안전함을 느낀다.

아이들의 성과나 역할, 과제 수행에 대한 칭찬도 물론 필요하다. 하지만 그보다 더 중요한 건 그냥 해 나가는 것 자체, 오늘 하루를 부모와 함께 살아 낸 것 자체가 감사하다는 경험이다. 특별히 잘한 일이 없어도 부모와 함께 웃고, 밥을 먹고, 이야기를 나누며 감사함을 느끼는 순간 안에서, 아이의 자존감은 자라난다.

그리고 꼭 기억해야 할 것이 있다. 부모가 다른 아이를 쉽게 평가하는 태도는 내 아이의 자존감까지 흔든다.

"쟤는 너보다 잘하는 게 없잖아."

"걔는 왜 그렇게 성격이 별로야?"

이런 부정적인 말들은 곧 내 아이에게 '너도 비교당할 수 있다.'라는 경고로 다가온다.

내 아이를 추켜세우고 싶다면, 다른 친구를 낮추는 대신 서로 다름을 인정하는 말을 들려주어야 한다.

가정에서 바르게 존중받고 사랑받은 아이는 스스로 나는 소중하다는 믿음을 갖게 된다. 그런 마음은 친구와의 관계도 경쟁이나 서열이 아니라 나란히 서는 관계로 바라볼 수 있게 한다.

5. 관계 속 좌절을 배우게 하기

아이의 좌절을 막아 주고 싶은 마음은 부모라면 당연하다. 하지만 모든 어려움을 대신 해결해 준다면, 아이는 세상 속에서 거절과 갈등을 견뎌 내는 힘을 키우지 못한다.

당연히 친구가 마음을 쉽게 열어 주지 않을 때도 있다. '왜 내 뜻대로 안 될까?' 하는 답답함 속에서 아이가 속상해한다면, 때론 부모가 "더 이상 네가 어쩔 수 없는 부분도 있는 거야. 속상하지만, 다른 길을 찾아야 할 때도 있어."라고 말해 줘야 한다.

부모가 해야 할 일은 좌절을 없애 주는 것이 아니라, 좌절을 견딜 수 있도록 곁에 있어 주는 것이다. 아이의 속상한 감정을 받아 주되, 모든 것을 나서서 해결해 주어서는 안 된다. 그래야 아이는 관계가 내 뜻대로 되지 않아도 상처받지 않는 단단함을 스스로 키워 나갈 수 있다.

좌절이 없는 환경을 만들어 주는 것은 오히려 아이를 더 크게 흔들리는 세상 속으로 내모는 일이다. 작은 거절과 갈등을 경험할 때마다, 아이는 단단해지고 관계 속에서 건강하게 자기 자리를 지켜 나가는 힘을 키우게 된다.

'여왕벌 세상'에 갇힌 아이들을 돕는 법

1. 상황을 제대로 바라보게 도와주기

여왕벌 세상 속에서 흔들리는 아이들은 종종 스스로를 탓한다.

'내가 뭘 잘못했을까?'

'내가 좀 더 잘했어야 했나?'

관계가 힘들어질 때마다 자기 마음을 먼저 의심한다.

부모가 해 줄 수 있는 첫 번째 역할은, 아이가 죄책감에 빠지지 않도록 상황을 제대로 바라보게 도와주는 것이다.

"그건 네 잘못이 아니야. 잘못된 건 네가 아니라, 친구들의 마음을 존중하지 않는 그 친구의 태도야."

그 상황을 제대로 판단해 주는 부모의 이 짧은 한마디가 아이를 혼란 속에서 구해 줄 수 있다.

아이들은 아직 관계 속 힘의 흐름을 읽는 눈이 부족하다. 그래서 쉽게 혼란에 빠지고, 그 혼란을 자기 탓으로 돌려 버린다.

누가 잘못했는지, 지금 무슨 일이 벌어지고 있는지를

객관적으로 알려 주면 아이는 관계를 당당하게 볼 수 있는 힘을 갖게 된다.

자신을 탓하는 마음에서 벗어날 때, 비로소 아이는 관계 속에서 스스로를 지켜 낼 수 있게 된다.

2. '내 마음'을 존중하도록 이끌어 주기

여왕벌 세상 속에서 흔들리는 아이들은 종종 자기 마음을 무시한다. 싫다는 감정이 올라와도, '내가 참아야겠지?' 하며 눌러 버린다. 친구의 눈치를 보느라 자기감정보다 상대의 감정을 먼저 생각하기 때문이다.

이때 부모가 해 줄 수 있는 가장 큰 도움은, 사람의 마음을 존중해 주는 부모가 되어 주는 것이다.

"네가 싫다고 느낀 건 틀린 게 아니야. 그건 네 마음이고 존중받아야 해."

이렇게 말해 주면, 아이는 자기감정을 숨기려 하지 않고, 있는 그대로 인정할 수 있다.

그리고 말보다 더 중요한 건, 가정의 문화와 분위기다. 가족이 함께 의견을 나눌 때, 아이의 생각을 끝까지 들어 주는 것. 작은 선택이라도 아이가 즐겁게 결정에 참여할 수 있도록 기회를 주는 것.

"오늘 산책은 어느 길로 갈까?" 같은 사소한 물음조차 존중의 시작이 될 수 있다.

또 부모가 서로의 감정을 존중하는 모습을 보여 주는 것도 아이에게 큰 울림이 된다.

"내가 오늘은 좀 피곤해서 당신이 도와주면 안 될까?" 하고 솔직하게 말하는 것. "당신 덕분에 정말 편하게 쉬었어. 고마워."하고 진심으로 고마움을 표현하는 것.

이처럼 일상에서 주고받는 존중과 배려가 아이에게 자연스럽게 스며든다.

가정에서 존중이 흐를 때, 아이는 내 마음도 존중받아야 한다는 확신을 얻는다. 그 확신이 결국 교실에서도 흔들리지 않는 힘이 되어 줄 것이다.

3. 관계의 진실은 감정에 있다고 알려 주기

여왕벌 세상 속에서 흔들리는 아이들은 겉으로 보이는 분위기에 휩쓸린다. 다 함께 웃고 떠드는 자리에 섞여, 정작 불안하고 긴장되는 자신을 놓친다. 아이들은 이런 불편한 감정을 애써 무시하며 '다들 즐거워하니까 나도 즐거워야 해.'라고 착각하기 쉽다.

이럴 때 부모가 도울 수 있는 방법은, 아이가 자신의 감정을 기준으로 관계를 바라보게 하는 것이다. 분위기가 아니라 내 마음이 편안한지, 즐거운지를 느끼도록 돕는 것이다.

관계의 진실은 분위기에 있는 것이 아니라, 내가 어떤 감정을 느끼는지에 달려 있다. 아이가 이 진실을 깨달을 때, 마음이 불편한 관계는 건강하지 않다는 사실을 알게 되고, 스스로 더 나은 관계를 선택할 힘을 키우게 된다.

4. 다른 길을 선택해도 된다는 확신 주기

아이들은 친구와의 관계가 틀어지는 순간, 세상이 무너지는 듯한 두려움을 느낀다. '이 무리에서 버려지면 나는 혼자가 되는 거 아닐까?' 하는 걱정 때문에, 힘들어도 그곳을 붙잡고 싶어 한다.

이때 부모가 줄 수 있는 가장 큰 힘은 다른 길을 선택해도 괜찮다는 확신이다. 꼭 한 무리에 속하지 않아도, 잠시 혼자여도, 삶이 무너지는 게 아니다. 오히려 스스로 선택해 잠시 나의 친구 자리를 비우는 용기는 건강한 관계를 찾을 수 있는 첫걸음이 된다.

"괜찮아, 네가 지금 잠깐 다른 길을 간다고 해서 계속 혼자가 되는 게 아니야. 언젠가 그 자리에 좋은 친구가 찾아올 거야."

부모가 믿어 줄 때, 아이는 억지로 관계에 매달리지 않고 자기 선택을 믿을 수 있게 된다.

모두가 그렇듯, 삶의 행복은 한 가지 모습만 있는 게 아니다. 여러 갈래 길 속에서 아이는 충분히, 즐겁고 단단하게 자랄 수 있다. 부모의 믿음은 그 가능성을 확인시켜 주는 가장 든든한 울타리가 되어 줄 것이다.

5. 언제든 의지할 수 있는 부모가 되기

아이에게 가장 든든한 힘은 내 편이 있다는 확신이다. 힘든 순간마다 떠올릴 수 있는 존재가 부모라면, 아이는 여왕벌 세상 속에서도 자기 마음을 지킬 수 있을 것이다.

그 확신은 특별한 순간에 생기는 게 아니라, 평소 나누는 대화 속에서 조금씩 자라난다.

좋은 대화는 일방적으로 아이에게 묻는 것이 아니다. 부모가 먼저 자신의 하루를 나누고, 때로는 작은 고민을 솔직하게 이야기하는 것에서 시작된다.

"오늘 회사에서 일이 잘 안 돼서 속상했어. 그런데 네가 웃어 주니까 마음이 조금 풀린다."

"엄마도 오늘 친구가 약속을 취소해서 속상해."

이렇게 부모가 자기 마음을 솔직하게 전하는 모습을 보면서, 아이는 고민을 나누는 대화의 힘을 배운다. 그런 자연스러운 대화의 흐름 속에서 부모가 아이의 이야기를 들어 줄 때, 아이는 자연스럽게 자신의 감정을 꺼내게 된다. 힘든 일이 생겨도 주저하지 않고 부모에게 기댈 수 있게 되는 이유다.

부모와의 대화가 생활의 일부가 될 때, 아이는 언제든 돌아올 수 있는 따뜻한 자리, 든든한 부모의 품을 마음속에 품게 된다.

다시, 아이들의 교실을 바라보며

여왕벌 세상은 분명 아이들에게 힘든 시간을 준다. 그 시간 안에서 때로는 고립을 경험하고, 때로는 눈치를 보며 흔들리기도 한다. 그러나 그 시간이 아이의 전부를 흔들지는 못한다.

곁에서 마음을 알아주고 함께 걸어 주는 어른이 있다면, 아이는 넘어지더라도 금방 다시 일어나 자기 자리를 찾아갈 것이다.

친구 관계 속에서 겪은 어려움은 언젠가는 단단한 마음으로 이어지고, 더 따뜻하게 다른 사람을 품어 줄 수 있는 힘이 된다.

좋은 어른들이 곁을 지켜 준다면, 아이들은 여왕벌 세

상에 휘둘리지 않고, 건강하고 자유로운 관계를 만들어 가며 성장할 수 있다.

그 길 위에서 아이들은, 스스로 행복하게 나아갈 것이다.

고등학교 시절부터, 항상 스스로에게 해 주던 말이 있습니다.

'스스로 행복하기!'

내 마음을 결정하는 건 나 자신이고, 내 행동을 선택하는 것도, 내 입에서 나오는 말을 결정하는 것도 모두 '나'라고 스스로에게 항상 이야기했죠.

그 선택들이 모여 나의 인생이 되고, 나의 미래가 된다고 생각했습니다. 그 결과에 대한 책임도 당연히 나의 몫이죠. 그 외에 내가 어쩔 수 없는 일들은 그냥 '신의 영역'이라고 생각했습니다. 나는 그저, 내 마음을 다스리는 것으로 나의 책임을 다하자고 다짐했습니다.

그래서 지금도 믿습니다. 나의 행복은 스스로 결정하는 것이라고…….

교사가 된 지금, 우리 반의 급훈은 수년째 변하지 않았습니다.

2000년대 초반까진 '스스로 행복한 어린이'

최근에는 좀 더 귀엽게 '스스로 행복한 나!'

문장은 조금 바뀌었어도 뜻은 변함이 없습니다. '스스로 행복하자!'

살다 보면 어디서든 나와 맞지 않는 사람을 만나게 되죠. 나를 싫어하는 사람도 있고, 내가 불편함을 느끼는 사람도 있습니다.

그때 그것을 어떻게 받아들이고, 어떻게 대응할지는 누가 정할까요? 바로 나 자신입니다.

상대의 행동이 싫을 때, '웃으며 보내 줄지, 화를 낼지, 아니면 당당하게 선을 그을지…….' 상대가 나를 함부로 대할 때, '그 자리에서 멈춰 세울지, 그냥 흘려보낼지.' 이 모든 것은 나의 선택입니다.

그래서 저는 아이들에게 늘 이렇게 말합니다.

"이 공간에서 나를 행복하게 만들 수 있는 사람은 오직 나 자신뿐이다."

웃긴 친구를 보며 함께 웃는 마음, 나를 보고 웃는 친구를 보며 마음이 따뜻해지는 순간, 그 마음, 그 순간, 하나하나가 모여, 우리 모두의 행복이 되는 거 아닐까요?

행복은 누군가가 대신 만들어 줄 수 있는 것이 아닙니다. 서툴고 부족해도, 때로는 시행착오를 겪더라도, 나의 행복은 내가 만들고, 내가 지켜야 하는 것입니다. 그리고 그 행복이 나를 통해, 다른 사람에게까지 전해진다면, 그것만큼 값진 일이 또 있을까요?

내가 행복해서, 나의 소중한 누군가가 더 행복해질 수 있다면, 그것이 바로 우리가 함께 살아가는 이유일 것입니다.

오늘도, 스스로 행복한 나! 그리고 그 마음을 나누는 우리가 되길 바랍니다.

22년 차 초등교사의 교실 속 우리 아이 마음 수업

내 아이 마음, 내가 제일 모를 때

1판 1쇄 펴낸날 2026년 4월 15일

지은이 최현주

책만듦이 김미정
책꾸밈이 디자인나울

펴낸곳 채륜 **펴낸이** 서채윤
신고 2007년 6월 25일(제2009-11호)
주소 서울시 광진구 자양로 214, 2층(구의동)
전화 02.465.4650 **팩스** 02.6442.9442
book@chaeryun.com www.chaeryun.com

책값은 뒤표지에 있습니다.
ISBN 979-11-90131-24-7 03590